U0315931

国家自然科学基金
江西理工大学优秀学术著作出版基金 联合资助

典型微囊藻毒素微生物降解技术及原理

The Principle and Technology for Biodegradation of Typical Microcystins

王俊峰 闫海 著

北京
冶金工业出版社
2017

内 容 提 要

面对由天然淡水水体富营养化所引发的蓝藻水华污染日益加剧的局势，如何控制蓝藻的过量繁殖生长和有效去除水体中的藻毒素，已成为我国乃至世界环境科学研究领域的一个难题。本书全面介绍了微生物在高效降解典型微囊藻毒素（MCs）方面的基础理论及其应用技术。全书共 9 章，系统介绍了典型 MCs 物化特性、来源分类、去除技术和生物降解等内容，其中重点介绍了典型 MCs MC-RR 高效降解微生物的筛选、培养、菌属鉴定、动力学及影响因素，高效降解典型 MCs MC-RR 降解基因工程菌的构建技术、PCR 技术、生物酶制剂技术和质谱分析技术等方面内容。

本书对从事环境、市政、微生物等专业的高校教师和科技人员具有较高的参考价值，也可供相关领域的科研技术人员参考。

图书在版编目（CIP）数据

典型微囊藻毒素微生物降解技术及原理/王俊峰，闫海著.
—北京：冶金工业出版社，2017.11
ISBN 978-7-5024-7684-7

Ⅰ.①典… Ⅱ.①王… ②闫… Ⅲ.①蓝藻纲—植物毒素—微生物降解—研究 Ⅳ.①Q949.22

中国版本图书馆 CIP 数据核字（2017）第 284380 号

出 版 人 谭学余
地　　址 北京市东城区嵩祝院北巷 39 号 邮编 100009 电话 (010)64027926
网　　址 www.cnmip.com.cn 电子信箱 yjcbs@cnmip.com.cn
责任编辑 张熙莹 美术编辑 杨 帆 版式设计 孙跃红
责任校对 李 娜 责任印制 牛晓波
ISBN 978-7-5024-7684-7
冶金工业出版社出版发行；各地新华书店经销；北京建宏印刷有限公司印刷
2017 年 11 月第 1 版，2017 年 11 月第 1 次印刷
169mm×239mm；8.25 印张；158 千字；119 页
36.00 元

冶金工业出版社 投稿电话 (010)64027932 投稿信箱 tougao@cnmip.com.cn
冶金工业出版社营销中心 电话 (010)64044283 传真 (010)64027893
冶金书店 地址 北京市东四西大街 46 号(100010) 电话 (010)65289081(兼传真)
冶金工业出版社天猫旗舰店 yjgycbs.tmall.com

（本书如有印装质量问题，本社营销中心负责退换）

前　言

水体富营养化是指天然水体（湖泊、水库和河流）中接纳过量的营养物质（氮、磷等），引起藻类及其他浮游生物迅速繁殖，水体溶解氧量下降，水质恶化，最终导致水体的生态结构与功能发生变化的水华污染现象。随着经济的快速发展，越来越多的含氮、磷的废水以及生活污水排入水体，使湖泊和水库等富营养化现象日益加剧，由此引发的蓝藻水华现象日趋严重。当水华严重时，水面形成厚厚的蓝绿色湖靛，散发出难闻的气味，不仅破坏了水体生态平衡，而且还能够产生并释放多种藻毒素，其中微囊藻毒素（MCs）是一类在蓝藻水华污染中检出率最高、危害最严重和产生量最大的藻毒素。

MCs 是一类能诱发肝脏肿瘤的单环七肽化合物，其化学性质稳定，常规水处理技术难以有效去除，对人类的饮水安全构成了严重的威胁，已成为一个全球性的环境问题而日益受到人们的普遍关注。而微生物法是去除 MCs 最安全和有效的方法。国内外学者在混合菌群和单一纯菌种的筛选及其降解 MCs 的特点方面取得了重要的研究成果，也有关于降解 MCs 的纯菌种酶催化降解途径和降解基因的克隆与功能识别方面的报道，但此方面的研究仅仅停留在理论模拟阶段，只是克隆出 MCs 的降解基因并对其功能进行识别分析，没有真正意义上表达出具备降解 MCs 活性的蛋白酶，MCs 的纯菌种酶催化降解途径也是理论推导结果。

本书以从云南滇池水华蓝藻细胞中提取提纯的典型藻毒素 MC-RR 为唯一碳源、氮源，从滇池底泥中成功筛选出了一株高效降解 MC-RR 的微生物纯菌种鞘氨醇单胞菌 USTB-05，在此基础上对 USTB-05 降解 MC-RR 特性和途径进行了研究，在国内外首先成功克隆和表达出了

USTB-05降解MC-RR的第一个基因并提出了新的MC-RR降解途径，在生物降解MCs领域取得了重要的研究进展，为进一步更加深入和广泛研究MCs的生物降解途径和机理奠定了重要的基础。

本书所有的研究工作均在北京科技大学完成。感谢北京科技大学化学与生物工程学院生物系的魏巍老师、张怀老师和杜宏武老师在分子生物学实验方面给予了悉心指导，尹春华老师、刘晓璐老师、胡继业老师、宋青老师、罗晖老师、许倩倩老师和吕乐老师在课题研究过程中给予了无私帮助。清华大学环境学院王慧教授和北京市疾病预防与控制中心郑和辉博士在降解产物质谱测定分析上给予了宝贵建议。在此一并向他们表示由衷的敬意和真挚的谢意！

感谢国家自然科学基金项目（项目编号：20777008、21177009、21467009）和环境模拟与污染控制国家重点联合实验室（清华大学）开放基金“微囊藻毒素生物降解基因的克隆和表达”（项目编号：09K08ESPCT）的资助。感谢我的家人对我科研和生活上的全力支持和关怀。

本书还得到了江西理工大学优秀学术著作出版基金资助，在此表示感谢！

微生物降解微囊藻毒素技术国内外研究较少、涉及知识面广、专业多，由于作者水平和学科知识面有限，书中不足之处，敬请各位同行和读者批评指正。

作　者

2017年6月

目　　录

1 绪　　论

水体富营养化是指天然水体（湖泊、水库和河流）中接纳过量的营养物质（氮、磷等），引起藻类及其他浮游生物迅速繁殖，水体溶解氧量下降，水质恶化，最终导致水体的生态结构与功能发生变化的水华污染现象。随着经济的快速发展，越来越多的含氮、磷的废水以及生活污水排入水体，使湖泊和水库等富营养化现象日益加剧，由此引发的蓝藻水华现象日趋严重。当水华严重时，水面形成厚厚的蓝绿色湖靛，散发出难闻的气味，不仅破坏了水体生态平衡，而且还能够产生并释放多种藻毒素，其中微囊藻毒素（MCs）是一类在蓝藻水华污染中检出率最高、危害最严重和产生量最大的藻毒素。

肝脏为 MCs 的主要标靶之一。MCs 会使肝脏充血肿大，过量的累积能可导致肝破裂而坏死[1]。另据调查发现，饮水人群中肝癌、大肠癌等原发性癌症的发病率与饮用水中的 MCs 含量相关性显著[2~4]。由野生动物、家禽和家畜等动物摄入过量 MCs 引起的中毒或死亡的事件也时有发生[5,6]。MCs 常易在水生生物（浮游动物、植物和鱼类等）的体内富集，因为这些水生生物对 MCs 有较大的耐受性，MCs 在其体内累积到足够高的浓度后，通过生物放大作用到达食物链的顶端，对人类造成潜在的威胁[7]。同时，MCs 的毒性大，化学结构稳定，分布广泛，传统的饮用水处理技术在有效去除受 MCs 污染水体中的 MCs 具有一定的局限性。因此，对人类的饮水安全构成了严重的威胁，已成为一个全球性的环境问题而日益受到人们的普遍关注[8~10]。

当前，世界范围内的淡水湖泊蓝藻水华发生的频率与严重程度都呈迅猛增长的趋势[11]。20 世纪 60 年代，我国太湖就遭受过蓝藻水华污染[12]。80 年代初，全国在对所调查的 34 个湖泊中，处于富营养化状态的湖泊占一半以上[13]。90 年代以来，淡水水体的富营养化状况更加严重，全国 80%的天然淡水湖泊富营养化状态严重[14]。近期，除了已发生严重蓝藻水华污染的云南滇池、江苏太湖和安徽巢湖外[12~16]，我国长江、黄河中下游的许多湖泊和水库中也都相继发生了不同程度的蓝藻水华污染现象并检测到 MCs 的存在[17~19]。据 2002 年 10 月 10 日《北京晚报》报道，北京密云水库，作为首都重要饮用水源，自建库以来水体中首次检测到有蓝藻的存在。2007 年夏天太湖蓝藻水华大规模暴发，将太湖生态系统研究推向了国际研究舞台[20]。

面对由天然淡水水体富营养化所引发的蓝藻水华污染日益加剧的局势，如何控制蓝藻的过量繁殖生长和有效去除水体中的MCs，已成为我国乃至世界环境科学研究领域的一个难题。常规的水处理技术如混凝、沉淀、过滤、膜分离、吸附、光解、化学氧化及高级氧化等很难有效地将MCs彻底去除，而且由于MCs具有环状结构和间隔双键，它在水体中相当稳定。对MCs的研究大部分都集中在水体中MCs的检测、提取提纯以及毒理性研究上。国内外学者在混合菌群和单一纯菌种的筛选及其降解MCs的特点方面取得了重要的研究成果，也有关于降解MCs的纯菌种酶催化降解途径和降解基因的克隆与功能识别方面的报道，但此方面的研究仅仅停留在理论模拟阶段，只是克隆出MCs的降解基因并对其功能进行识别分析，没有真正意义上表达出具备降解MCs活性的蛋白酶，MCs的纯菌种酶催化降解途径也是理论推导结果。本书以从云南滇池水华蓝藻细胞中提取提纯的MC-RR为唯一碳源、氮源，从滇池底泥中成功筛选出了一株高效降解MC-RR的微生物纯菌种鞘氨醇单胞菌USTB-05，在此基础上对USTB-05降解MC-RR特性和途径进行了研究，在国内外首先成功克隆和表达出了USTB-05降解MC-RR的第一个基因并提出了新的MC-RR降解途径，在生物降解MCs领域取得了重要的研究进展，为进一步更加深入和广泛研究MCs的生物降解途径和机理奠定了重要的基础。

1.1 MCs的物化特性及其毒性

1.1.1 MCs的物化特性

MCs是一类单环七肽化合物（见图1-1），相对分子质量在1000左右，其一般结构是：D-丙氨酸在1位置，2个不同L-氨基酸在2和4位置，D-谷氨酸在6位置。另外3个特殊的氨基酸分别为，3位置的D-赤-β-甲基天冬氨酸（Masp），5位置的（2S，3S，8S，9S）-3-氨基-β-甲氧基-2，6，8-三甲基-10-苯十基-4，6-二

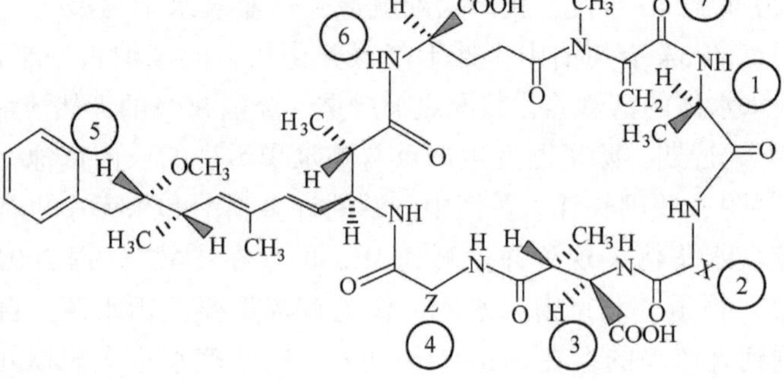

图1-1 MCs的化学分子结构通式（X和Z分别代表可变氨基酸）

烯酸（Adda），7 位置的 N-脱氢丙氨酸（Mdha）。由于 Adda 基团和 Masp 基团的甲基化和去甲基化产生的差异，以及 2 个可变 L-氨基酸在 2 和 4 位置的不同，造成了多种类型的 MCs。2 和 4 位置的 2 个可变 L-氨基酸 X 和 Z 的代表字母被用来区分不同的 MCs 种类。目前，已经从不同的微囊藻中分离、鉴定了 80 多种 MCs 的结构[21]，但商品化的 MCs 标准品只有 MC-LR、MC-RR 和 MC-YR。现已发现国内各大淡水湖泊暴发的蓝藻水华污染中，产生的主要 MCs 类型是 MC-RR 和 MC-LR，且以 MC-RR 为主[17,22]，其结构如图 1-2 所示。

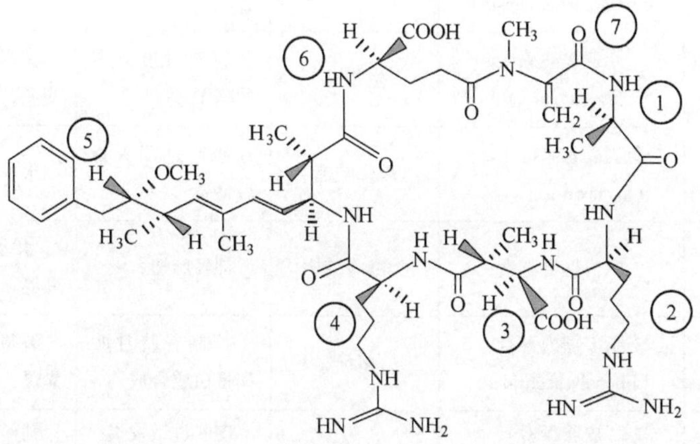

图 1-2 MC-RR 的化学分子结构式（其中 2、4 位均为精氨酸）

MCs 的类型受温度影响而呈现出地域性差异。Rapala 等人[23,24]研究了不同条件下固氮水华鱼腥藻的产毒情况，发现 MC-LR 主要在 25℃ 以下时产生，而 MC-RR 主要在高于 25℃ 时产生。因此造成 MC-LR 作为主要的 MCs 类型一般在欧洲温度较低的地方检出[25,26]，但在亚洲温度较高的地区 MC-RR 是主要类型[27,28]。闫海等人[22]研究发现，我国云南滇池蓝藻水华藻细胞和水体中 MC-RR 的含量都高于 MC-LR。目前，微囊藻属（*Microcystis*）、鱼腥藻属（*Anabaena*）、颤藻属（*Oscillatoria*）、念珠藻属（*Nostoc*）、束丝藻属（*Aphanizomenon*）和节球藻属（*Nodularia*）等是造成蓝藻水华的主要藻种。这些藻细胞破裂后释放出微囊藻毒素（microcystins）、节球藻毒素（nodularin）、生物碱类筒孢藻毒素（cylindrospermopsin）、鱼腥藻毒素-a（anatoxin-a）、麻痹性贝毒素、脂多糖内毒素（lipopolysacchrides）和皮肤毒素等多种藻毒素，从而对饮用水的安全构成了严重威胁。研究发现[29,30]，蓝藻毒素主要有作用于肝脏的肝毒素（hepatotoxins）、作用于神经系统的神经毒素（neurotoxins）以及其他毒素等三种主要类别（见表 1-1）。因为 MCs 是环境中发现的最典型的一类藻毒素，所以国内外对其研究得最多。

表 1-1 藻毒素的种类和结构特点

藻毒素类型	代表种类	结构特点	致毒方式	产生藻种
肝毒素	微囊藻毒素（microcystins，MCs）	环状七肽	抑制蛋白磷酸酶活性	微囊藻、鱼腥藻、颤藻、念珠藻
肝毒素	节球藻毒素（nodularin）	环状五肽	抑制蛋白磷酸酶活性	节球藻
肝毒素	筒孢藻（cylindrospermopsin）	生物碱	抑制谷胱甘肽合成	筒孢藻类
神经毒素	鱼腥藻毒素-a（anatoxin-a）	生物碱	肌肉过度兴奋后痉挛	鱼腥藻、颤藻、微囊藻、柱孢藻等
神经毒素	鱼腥藻毒素-a（s）（anatoxin-a（s））	单磷酸酯	肌肉过度兴奋后痉挛	水华鱼腥藻等
神经毒素	麻痹性贝毒素	类嘌呤结构	神经麻痹	水华束丝藻、甲藻等
其他毒素	脂多糖内毒素（lipopolysacchrides）	多糖	抑制谷胱甘肽和蛋白质合成	裂须藻、颤藻、微囊藻、鱼腥藻等
其他毒素	皮肤毒素		皮肤过敏发炎	鞘丝藻

MCs 的分子结构中含有羧基、氨基和酰氨基，其离子化倾向在不同的 pH 值下有所不同。在中性水体中，具有疏水性；但由于存在极性官能团，使其水溶性大于 1.0g/L（25℃下，2.0g/L 时 90%±3%溶解，1.0g/L 时 96%±3%溶解），不易于吸附在颗粒物或沉积物中，而是保留在水体中。MC-LR 的正辛醇/水分配系数（$\log D_{ow}$）从 pH 值为 1 时的 2.18 降到 pH 值为 10 时的-1.76，因此可以推测在暴发水华时的碱性条件（pH>8）下，MCs 的生物富集效应较小[31,32]。

虽然 MCs 分子为具有单环状七肽结构，化学性质相当稳定，pH 值中性时难以发生化学水解，且在 300℃高温下还能维持很长时间不分解[33,34]，但由于 MCs 分子侧链的 Adda 基团有 β、γ 双键，因此理论上易于通过氧化、光降解和生物降解的途径破坏或改变其分子结构达到降低其毒性甚至脱毒的效果，这已被许多研究报道所证实[35~40]。

1.1.2 MCs 的毒性

研究发现能够引起家畜、禽类中毒甚至死亡的蓝藻水华记录是自从 19 世纪 80 年代 Francis[41] 第一次发现泡沫节球藻（Nodularia spumigena）水华。随后，相继有报道发现有关藻类水华引起的野生动物、鱼类、家畜、家禽及宠物中毒、死亡事件，尤其是以微囊藻水华的危害最严重[6,42~44]。

有关研究发现，通过直接接触或饮用含有MCs的水会造成动物中毒，主要的中毒症状有昏迷、肌肉痉挛、呼吸急促和腹泻等，严重时在数小时以至数天内就会死亡[45]。人类若直接接触此类含有MCs的水华，会造成皮肤、眼睛过敏、发烧、疲劳以及急性肠胃炎。如果经常暴露于含有毒素的水体，则会引发皮肤癌、肝炎和肝癌等病症[46]。有研究证明，长期饮用含有MCs水的人群中，肝癌的发病率明显高于饮用深井水的人群[24]。MCs污染的特征表现为含量低（微克级，μg/L），但毒性大，有致癌、致畸和致突变的三致效应，难降解且具有生物放大作用。世界卫生组织推荐饮用水中MC-LR的浓度不高于1.0μg/L[47]，目前，许多国家已建立了饮用水中MCs的限制标准，其最高允许含量为1.0μg/L[48]。我国2006年采纳WHO的标准，在饮用水标准常规检测项目中新实施MC-LR这一必检项目，其控制标准也为1.0μg/L[49]。

有关MCs毒性的研究结果表明[46,50]，肝脏作为MCs作用的标靶器官，肝脏的肝细胞和肝巨噬细胞是主要受到MCs攻击的细胞。MCs通过强烈抑制蛋白磷酸酶1（PP1）以及蛋白磷酸酶2A（PP2A）的活性而造成肝细胞致毒的，这也是其致毒的主要机理。但对其他3种蛋白磷酸酶的活性却无影响。由于对PP1和PP2A活性的抑制，相应地造成了蛋白激酶的活性的增加，导致细胞内多种蛋白质的过磷酸化，进而打破了细胞内蛋白磷酸化和脱磷酸化的平衡，并通过肝脏细胞信号系统进一步放大，改变了肝脏中多种酶的活性，打乱了肝脏细胞内一系列的正常的生理生化反应，最终造成肝细胞损伤[21]。MCs主要是通过促使诱导白细胞介素1（IL-1）的产生来对肝巨噬细胞造成影响的。IL-1接着再诱导产生前列腺素、血栓素以及肿瘤坏死因子（TNF-э）等急性炎症物质，最后导致肝损伤和坏死。由此可以看出，巨噬细胞合成和释放出发炎的物质是对MCs致毒的一种响应[46]。

1.2 MCs的提取提纯及分析测定

1.2.1 MCs的提取提纯研究进展

MCs提取提纯主要经过了从蓝藻细胞提取、浓缩和纯化3个主要过程。

提取主要采用溶剂萃取法，其步骤包括藻细胞与提取溶剂的混合、搅拌或振荡、超声波或者反复冻融裂解细胞。常用溶剂有5%乙酸[51]、正丁醇-甲醇-水[52]和甲醇-水[53]、乙醇-水体系[54]，已开发了沸水浴及微波炉的MCs提取[55,56]。对于提取溶剂的采用，不同浓度的甲醇溶液是目前研究较多的一类提取剂，其中甲醇-水溶液的比例在50%~80%之间被认为效果最好。闫海等人[57]用不同浓度的甲醇溶液提取MCs时发现，40%的甲醇溶液可最大限度地从藻细胞中提取 MC-RR 和 MC-LR。在裂解藻细胞方面，虽然超声波破碎细胞法被广泛采用，但反复冻融法也能达到较好的提取效果。另外，提取时间和提取温度也是影响提取效果的因素[58]。

固相萃取和蒸发作为有效浓缩 MCs 提取液的两种方法研究较多。固相萃取法主要是把 MCs 提取液通过固相萃取柱并经一定浓度的甲醇洗脱，这种方法能同时起到浓缩和初步提纯的作用，因此成为目前应用较多的一种方法。蒸发法主要是采用旋转蒸发器让 MCs 提取液在 40℃时进行减压旋转蒸发，也可以通过吹空气或氮气的方法将提取液吹干，最终得以浓缩的一种技术。张维昊等人[54]在研究采用固相萃取柱浓缩 MCs 过程中发现，80%甲醇溶液洗脱吸附于固相萃取柱上 MCs 时，洗脱液的颜色呈现蓝绿色，然后是橘黄色，最后是基本无色透明的规律性变化。洗脱液经用氮气吹干后可以获得纯度为 28.6%的 MC-RR 和纯度为 12.9%的 MC-LR。目前，获得高纯度 MCs 的主要方法是在高效液相色谱（HPLC）上，应用 C_{18}分离柱根据不同类型 MCs 的出峰收取对应的流动相，但产率较低。

1.2.2 MCs 的分析测定研究进展

在 MCs 的分析和定量测定方面，一般采用高效液相色谱（HPLC）、气相色谱（GC）和薄层层析（TLC）、酶联免疫检测法（ELISA）和蛋白磷酸酯酶抑制法等方法。如果要对 MCs 及其衍生物进行相对分子质量、分子结构等的检测，可采用液相色谱-质谱联用法、液相色谱-质谱-质谱联用法。

HPLC 法是目前分析测定 MCs 应用最广泛的方法，通常配备紫外光检测器[57]。在定性分析方面，由于该法根据保留时间来定性，需要 MCs 的标准品作对照。虽然二极管阵列检测器可获得更多的紫外光谱信息，但是由于 MCs 都显示相似的紫外光谱特征，故 HPLC 法对不同 MCs 的鉴别能力受到限制。MCs 的最大紫外吸收波长在 238~240nm 范围[59,60]，流动相一般采用乙腈/水或甲醇/水体系，再经过不同浓度梯度淋洗，在水相中加入一定比例的三氟乙酸或采用酸性的磷酸盐缓冲溶液以保持酸性，最后用 C_{18}ODS 柱对 MCs 进行分离。

酶联免疫检测法（ELISA）和蛋白磷酸酯酶抑制法是近 10 年来迅速发展起来的定量测定 MCs 的技术，其灵敏度很高，检测限低，对样品需求量少，不需要繁琐的预处理措施，测定时间短，适合大量样品的测定。ELISA 的原理是用制备的 MCs 多克隆抗体测定 MCs 总量[61]。日本的 MBC 等公司研制出一种快速高效简便的试剂盒来检测 MCs 浓度，可以检测 0.05~1.0 ng/mL 级别的 MCs 浓度，其精确度非常高，最高可达 HPLC 的 1000 倍。但因 MCs 种类较多，不同类型具有非常相似的结构，因此难以识别出特定种类的 MCs。蛋白磷酸酯酶抑制法是通过 MCs 对蛋白磷酸酶活性的抑制效应，进而推断出 MCs 的浓度[62,63]。

通过对动物口服或注射 MCs 后的急性毒性实验的生物毒理检测法是来间接推算 MCs 含量的，但往往因为动物的种类以及动物个体对 MCs 的敏感性不同，容易造成较大精确定量误差[46]。

随着研究的深入，各种不同组合的联用技术发挥着越来越重要的作用。液相色谱-质谱联用法是当前应用广泛的一种 MCs 分析手段。它能同时对不同类型 MCs 进行有效地分离和鉴定，利用先进的质谱谱图分析手段不仅可以精准鉴定水体和生物样品中纳克级的 MCs，还可以对样品中未知 MCs 及其衍生物进行定性定量测定。

1.3 MCs 污染的控制

MCs 随着蓝藻细胞的生长而在蓝藻细胞内部合成，当蓝藻细胞死亡或破裂后 MCs 才会被释放到水体中并表现出毒性，属于一种细胞内毒素。当水体暴发蓝藻水华时，溶解性 MCs 在水体中的含量可达 0.1~10μg/L，大大高出细胞内毒素。而在蓝藻正常生长的对数生长期内，水中溶解毒素仅占蓝藻细胞总量的 1/10~1/5。而且少量溶解性的 MCs 被释放到大型湖泊、河流中可被大量水体有效稀释，但高浓度、大面积蓝藻水华暴发时，大量蓝藻细胞过度增长，由此造成的溶解性 MCs 浓度较高，会给后续水体使用者造成潜在危害。水体中的 MCs 在固相-液相均有存在，蓝藻细胞（固相）中的 MCs 的迁移主要是通过与水体中颗粒物如水生生物排泄物、黏土、腐殖质等共沉淀完成的，进而使 MCs 积累并滞留在底泥中，其化学结构没有发生变化。而水体中（液相）的 MCs 的迁移转化较复杂，影响其迁移转化的因素较多，它可以光降解，也可以生物降解，还能通过水生生物如括鱼、贝和浮游动物等的生物放大作用传递给人类，威胁人类身体健康。MCs 在纯水体系中性质稳定，而当其所在的体系中存在杂质，如颗粒物、腐殖质以及色素的情况下，充足的可见光照射能够促使其分子结构发生变化。当在最大波长为 238~254nm 的紫外照射下，数分钟内就降解完全。这是因为其侧链 Adda 基团中的双键被破坏而发生异构化，最终使其毒性得以明显地降低（其半衰期约 10 天）。Welker 等人[64]研究发现在有腐殖质的情况下，水体中的 MCs 快速被降解。这可能是天然水体中 MCs 低浓度的原因之一。因此环境水体中水溶性细胞色素和腐殖质等光敏剂的存在，可提高 MCs 的光解速率。尽管 MCs 化学结构稳定，普通的微生物难以使其化学结构发生变化，但一些特殊的微生物能够攻击其分子中的单链结构使其得以有效地降解。目前，报道较多的这类微生物是鞘氨醇单胞菌。Cousins 等人[65]研究发现在去离子水中的 MC-LR 可稳定保持 27 天以上，灭菌天然水则 12 天，而天然水体中的 MC-LR 在一周内大部分都发生降解。张维昊等人[66]通过对滇池天然水体中微囊藻毒素归宿的研究表明，暴发蓝藻水华污染而产生的 MCs 主要迁移转化途径是光降解和微生物降解，其次是吸附和生物富集。

1.3.1 物理法

在水体净化去除 MCs 中，物理法是一类传统技术。其中包括气浮、砂滤、活性炭吸附、膜过滤以及混凝-沉淀等。这些方法对因其自身的局限性，在脱除水体中溶解性 MCs 的效果不佳。气浮法、砂滤等作为一些单元式物理去除方法为达到较好的脱除 MCs 效果，一般需要特殊的前期处理。如气浮法一般需要进行预氯化或预臭氧化[67]，砂滤也仅仅应用在饮用水中 MCs 的去除方面[68]。

1.3.1.1 膜过滤法

膜法去除水体中的 MCs 是近年来发展起来的技术之一。依据膜孔径的不同，可分为微滤、超滤、纳滤和反渗透。根据膜的材料可以分为无机膜和有机膜。纳滤膜和反渗透膜对细胞内、外 MCs 均有较理想的脱除效果，MCs 的脱除效率可达 99.6%以上[69]。膜过滤能够有效地脱除细胞内 MCs，无论采用微滤膜还是超滤膜，蓝藻细胞的去除效率均大于 98%[70]。但在采用膜分离蓝藻细胞的过程中容易造成小部分藻细胞被破坏，进而引起滤液中溶解性 MCs 的浓度发生微小升高。

1.3.1.2 活性炭吸附法

活性炭具有比表面积大、吸附性能强、孔隙结构发达、粒度均匀等优点，被广泛应用于水处理领域，取得了较好的研究成果。闫海等人[71]研究了不同材质的碳纳米管（CNTs）与黏土矿物对 MCs 的吸附去除效果，结果表明，CNTs 对初始浓度分别为 21.0mg/L 和 9.5mg/L 的 MC-RR 和 MC-LR 均有较好的吸附效果，吸附 MC-RR 和 MC-LR 量分别达到了 14.8mg/g 和 6.7mg/g，具有较强的吸附 MCs 的能力。而高岭土和海泡石等黏土矿物尽管对 MC-RR 和 MC-LR 有一定的吸附能力，但吸附量分别低于 3.0mg/g 和 1.16mg/g，吸附 MCs 的量分别是 CNTs 吸附量的 1/5。并且进一步研究发现，CNTs 的比表面积是决定吸附 MCs 量大小的重要影响因素之一。MCs 吸附在 CNTs 表面上的量随着 CNTs 外径的减小而增加，由此说明，决定吸附 MCs 量大小的重要因素之一是 CNTs 外径尺寸。研究结果对高效吸附去除水体中 MCs 方面具有重要意义。Warhurst 等人[72]研究发现，普通的活性炭对 MC-LR 具有一定的吸附能力，对于初始浓度为 20μg/L 的 MC-LR 能完全被活性炭（50mg/L）全部吸附，吸附量达到 0.4μg/mg。粉末活性炭(PAC)[73]和颗粒活性炭[74]被证明对 MCs 均有较好地吸附去除效果，但 PAC 在去除 MCs 过程中相对于颗粒活性炭需要较长的接触时间。将活性炭滤池与常规净水单元进行组合应用于水体中 MCs 的去除也取得了较好的效果。这种工艺能够把出水中的 MCs 浓度控制在 0.1 ~0.5μg/L，使得 MCs 的去除率达到 80%以上，但活性炭再生难度较大[75]。Pendleton 等人[76]比较了木质炭和椰壳炭对水溶液中 MC-LR 的吸附效果，研究发现，具有微孔的椰壳炭吸附 MC-LR 的能力最强，而具有中孔和微孔的木质炭吸附能力相对差。Donati 等人[77]研究了采用由椰壳和煤等 8 种原料制成粉末活性炭（PAC）对水中 MC-LR 的吸附能力对比研究，结果发现用木材制作的 PAC 吸附能力最强。

尽管活性炭在有效去除水中 MCs 具有一定的优势，但是 MCs 是非极性分子，在吸附过程中容易被自然水体中某些有机物（NOM）发生优先竞争吸附，从而降低活性炭对毒素吸附效能，缩短活性炭的工作周期，影响水厂正常运行。此外，活性炭的再生，特别是毒素脱附相对比较困难，也使得 MCs 的处理成本升高。

1.3.1.3 混合沉淀法

混合沉淀能有效去除水中的蓝藻细胞，同时也去除细胞内 MCs，但对溶解性 MCs 的去除效果较差。因为搅拌作用混凝过程中可能会使藻细胞中的 MCs 释放到水中而提高溶解性 MCs 的浓度。朱光灿等人[78]经过实验发现，在混凝沉淀过程中，蓝藻细胞内的 MCs 随着蓝藻沉淀去除而随之被去除，但蓝藻细胞外溶解性的 MCs 无法有效被去除。Himberg 等人[79]研究了传统净水工艺中混凝剂对不同 MCs 的去除效果，结果发现 MCs 的去除率最高仅为 32%。Angeline 等人[80]学者应用铝盐作为絮凝剂进行研究，结果发现当体系中 pH 值大于 6 时，絮凝去除藻效果良好，而水体中溶解性毒素含量不但没有下降，反而有所升高（增加约 30%），说明混凝剂在去除 MCs 方面具有一定的局限性。Fawell 等人[81]用聚合硫酸铁（SPFS）作混凝剂去除水体中 MCs，当 SPFS 的投加量为 20mg/L 时，85% 的 MCs 可以有效地被脱除，继续增大投加量，MCs 的去除率则没有明显的增加。Karner 等人[82]发现硫酸铝混凝—沉降或石灰软化—沉降工序使 MCs 去除率平均达 96%。Hall 等人[83]通过构建组合式混凝—沉降—过滤工艺，在一定的条件下能够有效地去除细胞内 MCs。Chow 等人[84]研究了组合式缓凝剂-硫酸铝和氯化铁去除 MCs 的效果，结果发现大部分蓝藻细胞都能被完整地去除，并且蓝藻细胞能保持其完整性而不被破坏，处理后的水体中没有发现发现 MCs 浓度的增加。Lam 等人[85]研究发现，当反应体系中 pH 值大于 6 时，絮凝剂能有效地去除藻细胞，但对水体中溶解性 MCs 去除效果较差。

总之，物理法在去除溶解性 MCs 的方面有较大局限性，其处理效果不理想。只是把水体中 MCs 从进行简单的移位转移，并没有彻底使 MCs 无毒化。同时采用物理法还必须考虑这些接触介质的无毒化处理问题，以防造成二次污染。

1.3.2 氧化降解法

1.3.2.1 高级氧化降解法

高级氧化降解法是以羟基自由基为主要氧化剂与有机物发生反应，反应中生成的有机自由基可以继续参加·HO 的链式反应，或者通过生成有机过氧化自由基后，进一步发生氧化分解反应直至降解为最终产物二氧化碳和水，从而达到氧化分解有机物目标的技术。主要包括紫外光激发下的直接光解 UV、UV/H_2O_2/Fe^{2+}（Fe^{3+}）、UV/半导体（TiO_2）光催化、UV/O_3/H_2O_2、UV/O_3、以及 UV/H_2O_2等[86~89]。

Gajdek 等人[90]研究了 Fenton 试剂在降解 MC-LR 方面的应用。在 Fenton 试剂较低浓度（15mmol/L H_2O_2和 1.5mmol/L Fe^{2+}）下进行氧化分解高浓度的 MC-LR（初始浓度约 300μmol/L），在作用 5min 对 MC-LR 的分解率就达 97%，30min 后检测不到 MC-LR 的存在。Takenaka 等人[91]研究认为，藻毒素 MC-LR 和 MC-RR 能够被 $FeCl_3$有效地氧化分解。苑宝玲等人[92,93]采用构建的高铁酸盐氧化与光催化组合工艺对 MC-LR 进行氧化分解，发现组合工艺具有较高的脱除效率。Lee 和 Kim 等人[94~96]研究了 TiO_2作为催化剂在颗粒活性炭吸附光催化氧化的协同催化的作用，结果发现，有 TiO_2的作用下，协同催化的效果得到极大的提升。MCs 的降解速度随着 TiO_2催化剂量的增加而得到极大提高，氧化降解效果显著。尤其是为了促进更多自由基的生成，在反应器中通入氧气，获得了较好的效果，并且还极大地促进了 MCs 的降解速度。Shephard 等人[97,98]研究了 MC-YR 在闭合循环降膜式光催化反应器中的降解行为，其中 TiO_2在反应器中呈悬浮状态。结果发现 MC-YR 能被快速降解，催化氧化降解过程遵循准一级动力学反应。为了避免 TiO_2的流失，Shephard 等人还在降流式膜反应器中将 TiO_2固定在玻璃纤维板上，进一步考察了 MCs 的光催化降解特性。Feitz 等人[99]研究了光催化剂 TiO_2在光照条件下降解铜绿微囊藻的提取液中的作用。发现 TiO_2存在与否决定着 MCs 是否发生降解。在有 TiO_2存在的条件下，MCs 降解效果非常明显。光降解一般会产生副产物，有学者对于光催化降解副产物的毒性进行了研究。Liu 等人[100]采用蛋白磷酸酶抑制法测定了光催化降解副产物的毒性，结果发现这些副产物没有毒性。Robertson 等人[101,102]和 Lawton 等人[103,104]较为系统地研究了 TiO_2作为催化剂的光催化氧化技术降解 MCs 机理。结果发现 TiO_2光催化剂氧化降解微污染水中的 MCs 的效果显著。其催化降解机理是反应体系中产生的·OH 攻击 Adda 侧链中的共轭双键，使其断裂，生成毒性较低的产物。Gajdek 等人[105]研究了 MC-LR 的光稳定性，发现对 MC-LR 的光降解起促进作用的是水体中存在的藻蓝蛋白。陈晓国等人[106]研究了紫外光作用于 MC-RR 的工艺条件。结果发现，在 25℃的条件下，MC-RR 的半衰期随着光照强度的增加而减小。在 0.85mW/cm^2的紫外光下作用 60min，98.9%的 MC-RR 可以有效地去除。同时还发现，降解过程不符合准一级反应动力学方程，并且反应体系中的酸碱度对 MC-RR 的降解效果影响不大，偏酸性条件下能够促进降解反应速度。

1.3.2.2 强氧化剂法

强氧化剂法是利用化学强氧化剂如臭氧、过氧化氢、高锰酸钾和氯气等氧化降解污染物质的一种方法，又称化学氧化法。因其选择性高、操作方便、反应温和容易控制等优势成为目前处理 MCs 应用较多的一种方法。

臭氧的化学性质极为活泼，它在游离时的能量在瞬间产生强力的氧化作用，进行杀菌、消毒、解毒工作。臭氧易溶于水，溶在水中具有更强的杀菌能力，是氯气的 600~3000 倍，能迅速将细菌和病毒杀灭。Rositano 等人[107]研究了不同强氧化剂对 MC-LR 的降解能力。发现臭氧在酸性条件下的降解能力远大于氯、H_2O_2 和 $KMnO_4$等。Stefan 等人[108]将臭氧（浓度为 0.3~2mg/L）通入含 MCs 的水中，反应 9min 后就能有效去除 MCs，并考察了影响去除效果的因素。有学者采用臭氧（1.0~1.5mg/L）氧化降解从冷冻干燥的蓝藻细胞中提取的 MCs 粗提液，结果发现 MCs 的去除率随着初始浓度的增加而增加，当 MCs 初始浓度为 501μg/L 时，去除率可高达 90%[109]。采用液氯氧化 MCs 所产生的副产物三氯甲烷、卤乙酸等引起有关学者的注意。他们发现尽管经液氯氧化处理后的含 MCs 中的副产物含量低于标准值，但仍然具有致癌作用。这说明高浓度的液氯能够有效氧化 MCs，但会产生“三致”作用的消毒副产物[110]。Lam 等人[111]研究了高锰酸钾和氯气降解藻毒素能力的对比，结果发现二者均能在 $pH<7$ 的条件下氧化降解 MCs，氯气的效果远好于 $KMnO_4$。但二者溶液造成蓝藻细胞裂解而导致 MCs 浓度增加。Nicholson 等人[112]研究比较了氯气与次氯酸钠对 MC-LR 的氧化降解能力，结果发现当溶于水的氯气反应 30min 后，体系中的 MC-LR 和节球藻毒素（初始浓度均为 130~300μg/L）均低于 15μg/L，而使用次氯酸钠溶液则均高于 90μg/L。

1.3.2.3 光催化氧化降解法

MCs 的分子结构含有 Adda 基团的共轭双键，其化学性质稳定。天然水体中的 MCs 不易被直接光降解，但在有催化剂存在的条件下能够被光解，颗粒物质、色素以及光照强度等影响光降解速率较大。Welker 等人[113]以水体中的腐殖质作为光催化材料对 MCs 的光降解进行研究，结果发现 MCs（初始浓度 10μg/L）在自然光照射下，10.5h 后就降解 50%，并对腐殖质的作用机理进行了研究。陆长梅等人[114]在研究微囊藻生长特性的影响因素中发现，纳米级 TiO_2因其表面的特殊结构能有效地抑制单细胞铜绿微囊藻的生长，研究结果在防治蓝藻水华方面具有潜在的应用前景。Tsuji 等人[115,116]研究了紫外光和色素在 MCs 光降解过程中的作用，结果发现在光照充足时，MCs 的降解速度随着色素的种类和浓度改变而变化，而在不同光照强度的紫外光照射下，MC-LR 的去除效果随着光照强度的增强而显著提高。

综上所述，混凝、沉淀和过滤及其组合单元工艺对蓝藻细胞内的 MCs 移除效果好，而对溶解性 MCs 的去除效果差；高锰酸钾、臭氧和氯等化学药剂氧化容易带来“三致”物质以及消毒附产物等，造成二次污染；光解催化降解以及活性炭吸附对去除水中 MCs 效果较好，光催化降解工艺操作复杂，活性炭吸附难于二次回收利用等缺点制约其在这方面的进一步应用。

1.3.3 生物降解法

1.3.3.1 降解 MCs 的微生物菌种

具备降解 MCs 能力的土著菌在天然水体及其底泥沉积物中均有所发现。吴振斌等人[117]研究了人工湿地系统对 MCs 的去除效果及影响因素。以含蓝藻水华的鱼塘水为原水，当进水含 MCs（浓度为 0.117g/L）时，两套不同的人工湿地系统对 MCs 的去除率分别为 68.5%和 34.6%，其中对 MC-YR 的去除效果最好。吕锡武等人[118]在好氧条件下，将 MC-LR、MC-RR 和 MC-YR 经序批式膜生物反应器处理，结果发现 3 种 MCs 经过 24h 处理后，去除率均高于 90%。金丽娜等人[40]采用滇池沉积物对 MCs 进行降解研究，结果发现沉积物的用量以及反应体系温度对反应速度影响较大。滇池底泥中存在着降解 MCs 的微生物菌种。经过初步筛选分离得到了能够在 3 天内完全降解 MC-RR（50mg/L）和 MC-LR（30mg/L）的混合菌群微生物[119]。暴发蓝藻水华污染的水体以及水体沉积物中均存在具备降解 MCs 能力的微生物[65,120,121]。Jinamori 等人[122]利用需氧菌对水体中的 MCs 进行降解研究，结果发现该菌能够将 MCs（40ng/L）在 10 天内完全降解。污水厂的排污口也存在能够快速降解 MCs 的微生物。该微生物能够在 2 天之内将 MC-LR 完全降解[123]。Jones 等人[124]从暴发蓝藻水华的天然水体中分离出一种水生菌群（*Sphingonmonas*），并对其降解机理进行了分析研究。由此可见，对 MCs 有降解能力的微生物菌种普遍存在于天然水体中，筛选分离出具有高效降解 MCs 的纯菌种将为进一步研究及其应用奠定良好的基础。

截至目前，有关分离筛选具有降解 MCs 纯菌种的研究有较多报道。Jones 等人[124]最早报道了关于降解 MCs 微生物纯菌种的研究结果。他们从天然水体中分离出一株对 MC-LR 有一定的降解能力的纯菌种 MJ-PV，并将其分类为鞘氨醇单胞菌（*Sphingomonas*），同时研究发现其在降解 MC-LR 前有一个 2~8 天的停滞期，引起这种现象的原因可能是 MCs 的水解酶即微囊藻毒素酶（microcystinase）在这个时期降解正在合成。随后，日本学者在此方面开展研了大量研究。Shigeyuki 等人[126]从天然水体中分离一株对 MC-LR 有降解能力的铜绿假单胞菌（*Pseudomonas aeruginosa*），它能在 20 天内将 MC-LR（初始浓度 50mg/L）去除 90%以上。Park 等人[127]和 Hiroshi 等人[128]分别从日本 Suwa 湖中分离出了 2 株对 MCs 具备较高降解能力的纯菌种 Y2 和 7CY，其中 Y2 菌对 MC-RR 和 MC-LR 的最大日降解速率分别达到 13.0mg/L 和 5.4mg/L。通过 16S rDNA 分析发现，二者均属其与鞘氨醇单胞菌，并且 7CY 与 Y2 之间有较高的同源性。Tsuji 等人[129]从日本的 Sagami 与 Tsukui 湖中分离出 1 株对 MCs 有降解能力的微生物纯菌种 B-9，它在 1 天内可将一定浓度的 MCs 全部降解，最后通过 16S rDNA 分析发现，B-9 与鞘氨醇单胞菌 Y2 的同源性高达 99%。Saito 等人[130]分别从中国贵阳市某发生水华的湖泊和日本 Kasumigaura 湖中分离了 2 株具有降解 MCs 能力的鞘氨醇单胞菌（*Sphingomonas*）C-1 和 MD-1，结果发现 pH 值在二者的生长过程中影响较大。2005 年，德国学者 Ame 等人[131]从阿根廷的水库中筛选出一株微生物纯菌种鞘氨醇单胞菌 CBA4，该菌 36h 之内就能将 MC-RR（200μg/L）完全降解。2007 年，Ho 等人[132]从生物沙滤器分离出一株能够降解 MC-LR 和 MC-LA 的菌种 LH21，经 16S rDNA 鉴定为 *Sphingopyxis*. sp（现在 *Sphingopyxis* 已被并入 *Sphingomonas*），后又经 PCR 扩增发现该菌株具有降解 MCs 完整的基因簇。

国内在降解 MCs 纯菌种筛选方面相继开展了相关研究。2002 年，闫海等人[22]从滇池底泥中分离出一株纯菌种青枯菌（*Ralstonia solanacearum*）。MC-RR（50.2mg/L）和 MC-LR（30.1mg/L）在该菌的作用下，3 天内均被完全降解，对 MCs 的降解率较高，日均降解速率分别达 16.7mg/L 和 9.4mg/L。随后，周洁等人[133]也以滇池底泥为对象，筛选出一株对 MCs 有着更强的降解能力食酸戴尔福特菌（*Delftia acidovorans*），该菌在 2 天内将 MC-RR（90.2mg/L）和 MC-LR（39.6mg/L）全部降解，日均降解速率分别为 45.1mg/L 和 19.8mg/L。宦海琳等人[134]从南京发生水华的水体中筛选分离出了 5 株降解 MCs 的能力较强的细菌，经过鉴定发现分别属于芽孢杆菌属（*Bacillus*）、肠杆菌属（*Enterobacter*）、不动杆菌属（*Acinetobacter*）、弗拉特氏菌属（*Frateuria*）和微杆菌（*Micro bacterium*）。刘海燕等人[135]又从南京发生水华的水体中分离出对 MC-LR 有显著降解能力的菌株 S3，经 16S rDNA 序列比对分析显示，该菌与类芽孢杆菌 *Paenibacillus validus* 的相似性达 98%。此外，在 *Stenotrophomon*[136]、*Sphingosinicella*[137]、*Poterioochromonas*[138]、*Burkholderia*[139]、*Arthrobacter*[140]、*Brevibacterium*[140]和 *Rhodococcus*[140]等属中也发现了可降解 MCs 的菌种。可降解 MCs 的菌种及详细信息见表 1-2。

表 1-2 可降解 MCs 的菌种及详细信息

菌株	来源	GenBank 登录号	可降解种类	不可降解种类
Sphingomonas sp. ACM-3962[124]	澳大利亚 Murrumbidgee 河	AF401172	MC-LR，MC-RR	Nodularin
Sphingomonas sp. Y2[127]	日本 Suwa 湖	AB084247	MC-LR，MC-RR，MC-YR，6（Z）-Adda-MCLR	—

续表 1-2

菌株	来源	GenBank 登录号	可降解种类	不可降解种类
Sphingomonas sp. MD-1[130]	日本 Kasumi gaura 湖	AB110635	MC-LR，MC-RR，MC-YR	Nodularin
Sphingomonas sp. 7CY[128]	日本 Suwa 湖	AB076083	MC-LR，MC-RR，MC-LY，MC-LW，MC-LF	Nodularin-Har
Sphingomonas sp. B9[129]	日本 Tsukui 湖	AB159609	MC-LR，MC-RR	MC-LF，6（Z)-Adda-MC-LR，6（Z)-Adda-MC-RR
Sphingomonas sp. CBA4[131]	阿根廷 San Roque 水库	AY920497	MC-RR	—
Sphingopyxis sp. LH21[132]	澳大利亚 Myponga 水库	DQ112242	MC-LR，MC-LA	—

注：GenBank 登录号对应的是该菌株 16S rDNA 序列。

1.3.3.2 MCs 酶催化降解途径

多肽类化合物的生物降解途径一般遵循由多肽到二肽，再到氨基酸和氨的转变的过程[22,141]。作为多肽类有机物，MCs 具有环状结构，MCs 的生物降解途径也遵循上述规律。因此推测 MCs 的生物降解中至关重要的一步是环状 MCs 首先被打开肽链，之后变成线性多肽的过程。

Cousins 等人[65]研究了微生物降解 MC-LR 的作用机理，结果发现 MC-LR 分子结构中的 Adda 基团侧链在生物酶的作用下共轭双键被破坏，导致其结构发生变化，最终使 MC-LR 毒性的降低或丧失。由此推测 Adda 侧链是 MC-LR 生物降解的攻击靶位。Bourne 等人[142,143]对 MC-LR 在鞘氨醇单胞菌（*Sphingomo nas*）MJ-PV 酶作用下的分子途径，并对降解酶的分子特点和催化机理进行了初步推测分析。结果发现至少有 3 种酶参与了 MC-LR 的代谢过程（见图 1-3）。在降解过程中，第一种酶是微囊藻毒素酶，包含 336 个氨基酸残基的金属酶，它负责先打开位于 Adda 与精氨酸之间的肽键，使环状的 MC-LR 变成线性的 MC-LR。第二种酶属于青霉素结合酶家族，包含 402 个氨基酸残基，它将线性 MC-LR 肽链上连接丙氨酸与亮氨酸的肽键进一步断裂，生成四肽化合物。第三种酶是包含 507 个氨基酸残基的金属酶，它负责将四肽化合物更进一步降解，产物是更小的氨基酸和多肽。

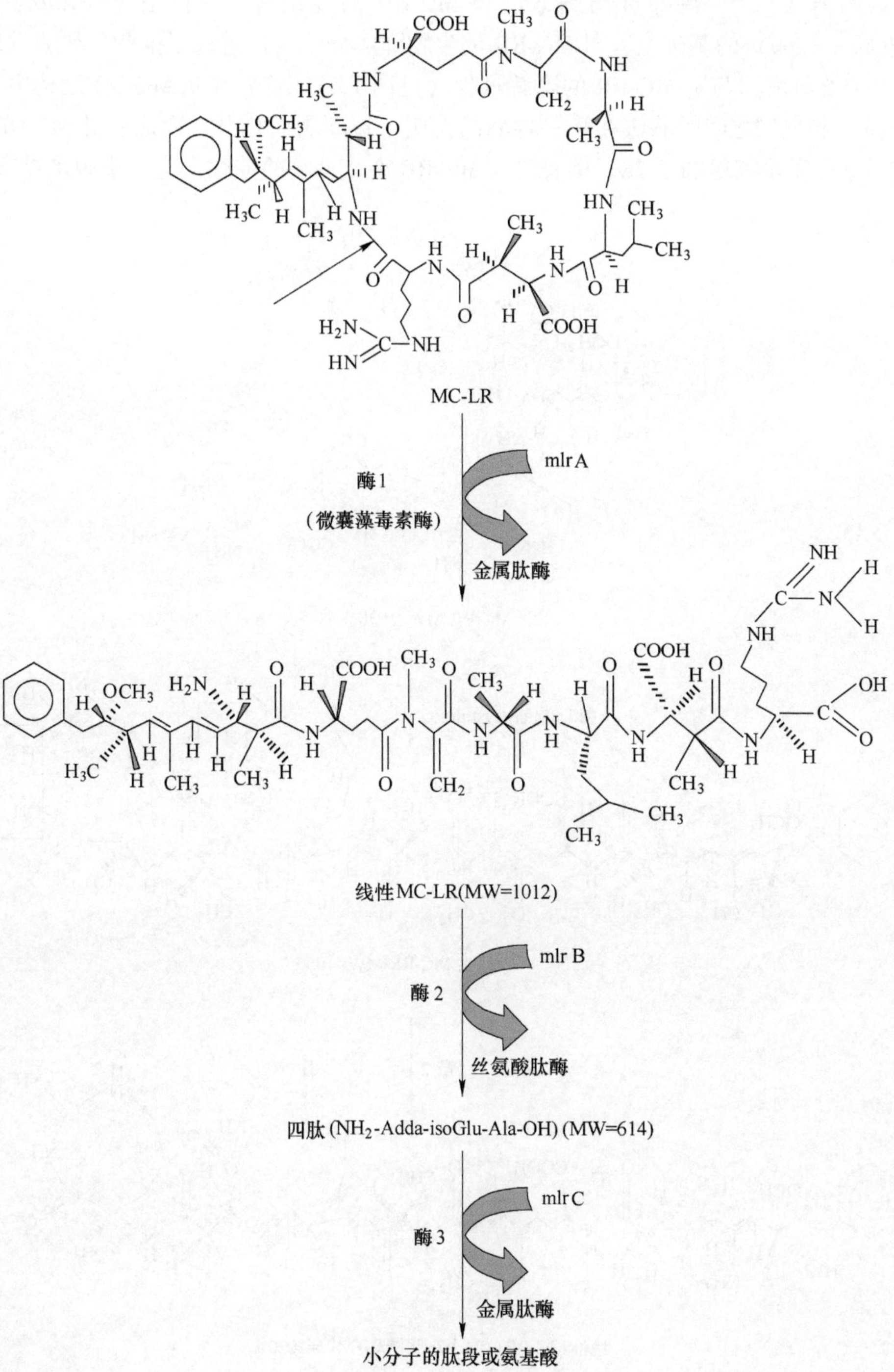

图1-3 MJ-PV降解MC-LR途径及中间产物

闫海等人[22]在筛选出高效降解 MC-RR 的纯菌种——青枯菌（*Ralstonia solanace arum*）的基础上，对 MC-RR 的生物降解分子途径进行了推测。研究发现至少有 2 种酶参与了 MC-RR 的降解过程（见图 1-4）。首先环状 MC-RR 结构中的 Adda 与精氨酸之间的肽键在第一种酶的作用下被断裂而打开，变成线性 MC-RR。相对分子质量都增加了 18。接着线性 MC-RR 在 2 种酶的催化下进一步脱水缩合，

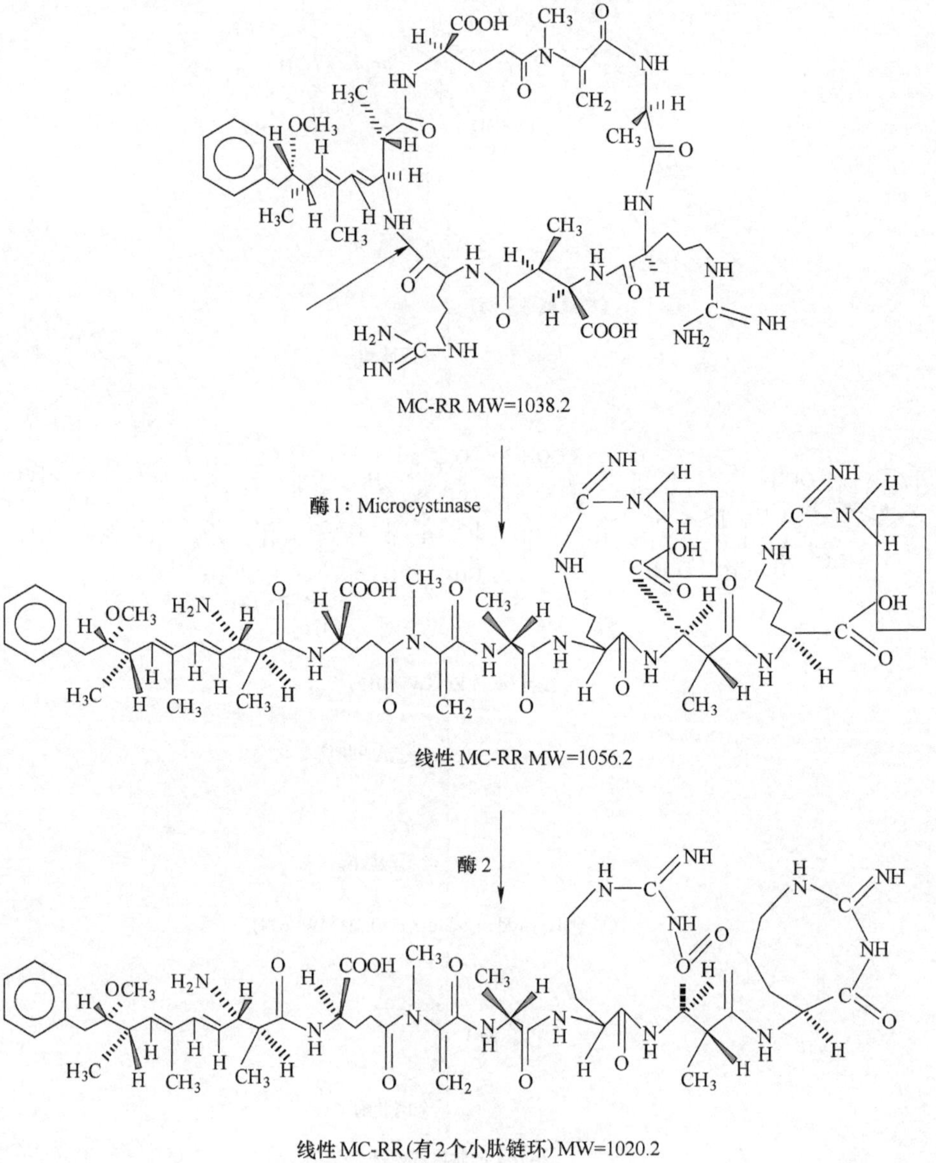

MC-RR MW=1038.2

酶 1：Microcystinase

线性 MC-RR MW=1056.2

酶 2

线性 MC-RR(有 2 个小肽链环) MW=1020.2

图 1-4 RS 菌酶催化降解 MC-RR 途径

形成具 2 个小肽链环的最终产物：线性 MC-RR。何宏胜等人[144]对 USTB-04 菌生长的研究发现，铜、锰、锌等金属离子对酶促反应均没有促进作用，并推测参与降解微囊藻毒素的酶可能不是金属酶。

1.3.3.3 降解 MCs 的基因

截至目前，对微生物降解 MCs 基因的研究相对较少。Bourne 等人[143]通过基因克隆等生物学技术对鞘氨醇单胞菌 MJ-PV 催化降解 MC-LR 的基因簇进行了详细的研究。结果发现，在 MJ-PV 菌体细胞中，4 种参与催化降解的表达水解酶对应 4 段降解基因 *mlrA*、*mlrB*、*mlrC* 和 *mlrD*，这 4 段基因包含在一段长度为 5.8kb 的 DNA 片段中，左右相邻。其中由基因 *mlrA* 所编码的第一个微囊藻毒素酶（*mlrA*）属于一种金属蛋白酶，由 336 个残基组成的肽链内切酶，在该酶的催化下，环状的 MC-LR 开环变成线状 MC-LR。位于 *mlrA* 下游且具有相同翻译方向的是基因 *mlrD*，是一个伴随在 *mlrA* 旁边的寡肽转运子。*mlrB* 位于它们的下游并具有相反翻译方向，由它编码的酶 *mlrB* 可以将线性 MC-LR 分裂成四肽。最后的基因 *mlrC* 位于 *mlrA* 上游具有相反的翻译方向，它编码的酶 *mlrC* 具备降解四肽的能力，是一种金属蛋白酶（见图 1-5）。

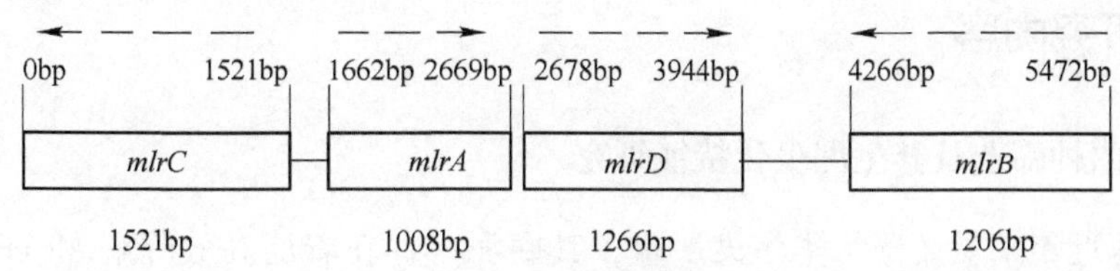

图 1-5 MJ-PV 菌降解基因簇信息
（虚线箭头为基因编码方向）

Saito 等人[145]通过 PCR、16S rDNA 等技术对具有降解能力的鞘氨醇单胞菌 Y2 菌和鞘氨醇单胞菌 MD-1 菌检测发现，在它们的 DNA 中均发现 *mlrA* 基因的存在，且和 MJ-PV 均具有很高的同源性，因此推测含有 *mlrA* 基因的鞘氨醇单胞菌属微生物均具备降解 MCs 的能力。

总之，国内外学者在混合菌群和单一纯菌种的筛选及其降解 MCs 特性方面取得了重要研究成果，也有关于纯菌种降解 MCs 酶催化代谢途径和降解基因的克隆与功能识别方面的报道，但此方面的研究仅仅停留在理论模拟阶段，只是克隆出 MCs 的降解基因并对其功能进行识别分析，没有成功表达出重组蛋白酶的报道。另外，关于 MCs 生物降解的研究主要集中于 MC-LR，而对于我国普遍存在且含量最高的 MC-RR 的研究却相对较少。近年来国内大范围的蓝藻水华频繁暴发，因此如何高效生物降解 MC-RR 并研究其降解途径与机理，对安全、快速和高效去除 MCs 的理论和应用都具有极其重要的意义。

2 研究内容及技术路线

2.1 研究目标

本研究在国内外微生物生物降解 MCs 研究的基础上，选择具有代表性的 MC-RR 为研究对象，从暴发蓝藻水华污染的滇池底泥中筛选高效降解 MC-RR 菌种，研究其生理生化特征和降解 MC-RR 的特性，通过 16S rDNA 序列比对分析进行菌种鉴定。采用现代分子生物学技术克隆和表达 MC-RR 降解基因，获得具备活性的重组蛋白酶。利用 LC/MS/MS 等高端仪器，测定 MC-RR 降解产物荷质比，研究确定生物降解 MC-RR 的途径与分子机理，构建高效降解 MC-RR 基因工程菌。

2.2 研究内容

2.2.1 菌种筛选及其生理生化特征研究

滇池近年来受蓝藻水华污染严重，其底泥中存在着能高效降解 MC-RR 的微生物。以滇池蓝藻藻粉初步提纯的 MC-RR 提取液为支持微生物生长的唯一碳源、氮源，从滇池底泥中逐步驯化得到了降解 MC-RR 能力稳定的菌株，并对其细胞形态、生长曲线、最佳 pH 值等生理生化特性进行研究。

2.2.2 菌株的分子生物学鉴定

16S rDNA 基因序列技术是近年来已经广泛应用于评价生物的遗传多态性和系统发生关系，在细菌分类学中可作为一个科学可靠的指标[146]。利用细菌 16S rDNA 通用保守引物对菌株基因组 DNA 进行了 PCR 扩增，将 PCR 产物测序，测序结果用 DNAstar 软件进行拼接并去除载体序列的影响，将获得的序列通过 BLAST 搜索与 GeneBank 数据库中的 16S rDNA 基因序列进行同源性比较分析。使用 MEGA3.1 软件采用邻位连接法（Neighbour Joining，NJ）绘制系统发育树，根据菌株的 16S rDNA 序列在系统发育树中的地位分类鉴定其菌种归属。

2.2.3 菌株降解 MC-RR 特性

微生物生长条件苛刻，其降解活性受环境影响因素较多。其中 pH 值、温度以及溶解氧等对生长影响大。因此研究了pH值、温度和溶解氧等参数对菌株降解MC-RR的效应。另外，采用菌株无细胞提取液对MC-RR进行了降解研究，从细胞和酶水平研究了微生物生物降解MC-RR的特性。

2.2.4 基因 *USTB-05-A* 的克隆

在16S rDNA确定菌属基础上，通过常规、反向PCR和高保真PCR扩增等一系列连接、转化和阳性克隆筛选及降解基因的测序与拼接，获得完整的降解基因序列，通过与已知的MC-RR降解基因MJ-PV序列进行比对，使用Vector NTI Advance10软件分析菌株序列中的开放阅读框（ORF），得到一段含有四个降解基因分子信息的基因片段。再以菌株USTB-05的基因组DNA为模板，设计并合成引物，进行PCR扩增，产物经电泳验证后回收，与pGEM-T Easy克隆载体连接，转化到DH5α中进行克隆复制，经琼脂糖电泳、测序无误后，回收电泳片段并将其连接到pGEX-4T-1表达载体构建重组质粒，重组质粒转化到*E. coli* BL21（DE3）中并经过阳性克隆验证和测序无误，-20℃保存菌液。

2.2.5 基因 *USTB-05-A* 的表达

E. coli BL21（DE3）中的重组质粒需要在一定的条件下获得过量表达。挑取再将异源原核诱导2.2.4节方法获得的阳性克隆菌株，按照1%的体积比接种进行培养，并以IPTG作为诱导剂进行诱导表达，经SDS-PAGE电泳检测，获得高效表达重组蛋白酶，并以MC-RR粗提液为底物进行酶活性验证。

重组质粒获得高量表达的影响量因素较多，作用复杂。除了表达载体特性、外源基因序列内在特性、表达载体宿主菌株自身特性等因素外，诱导剂用量、时间和温度是影响重组蛋白表达量的主要外部因素。因此，研究了不同诱导剂用量、诱导时间和诱导温度对重组蛋白酶在*E. coli* BL21（DE3）细胞中表达量的效应，以确定最佳表达条件。在最佳条件下获得最大表达量，并对重组蛋白的可溶性进行初步验证。

获得的重组蛋白酶包含在*E. coli* BL21（DE3）的总蛋白中，要获得一定纯度的重组蛋白酶需要对其进行提取提纯。采用默克GST-Bind纯化试剂盒表达出的重组蛋白酶进行初步分离。

2.2.6 菌株降解MC-RR的第一步分子途径及机理

利用初步分离的重组蛋白酶降解MC-RR，通过LC-MS测定MC-RR降解产物的质荷比，结合HPLC的解析谱图和扫描图谱等分析MC-RR催化降解产物的特性，推测降解MC-RR途径。同时对重组蛋白酶的氨基酸序列、相对分子质量大小以及酶学性质进行了研究与分析，确定MC-RR的降解途径与分子机理。

2.3　技术路线

MC-RR 微生物降解技术及原理研究采用的技术路线如图 2-1 所示。

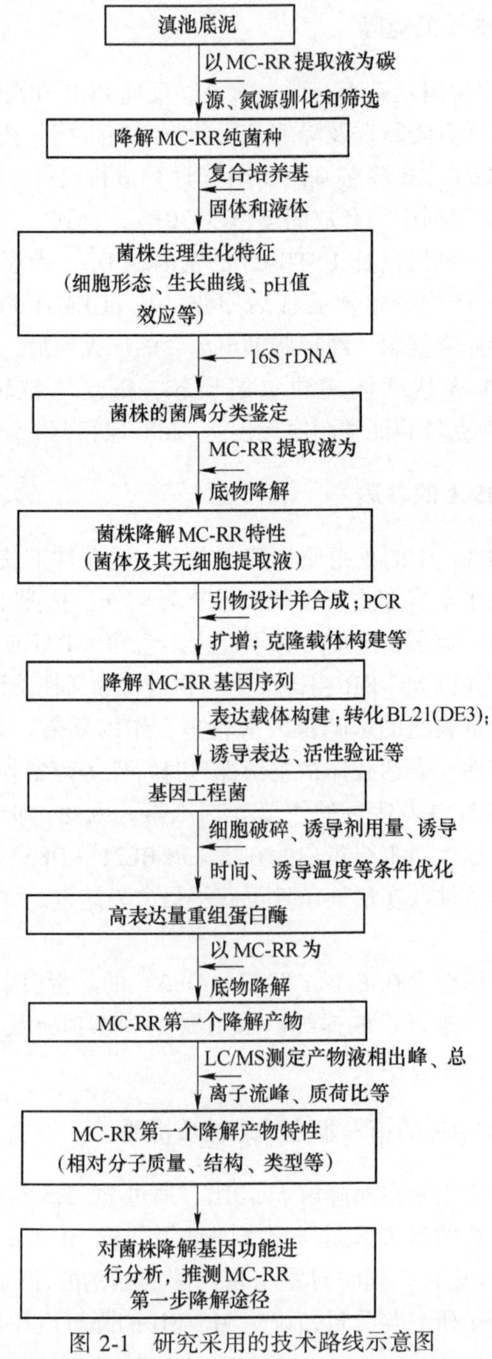

图 2-1　研究采用的技术路线示意图

3 降解 MC-RR 菌株的筛选与生理生化特征

3.1 实验材料与仪器设备

3.1.1 蓝藻藻样

藻类样品取自云南滇池的水华蓝藻，在天气晴朗的日子，用塑料桶直接从滇池表层水体中取漂浮于水面的水华蓝藻，倒在纱布上过滤，经晾晒干燥后，用粉碎机粉碎并过 100 目筛，分装后在-20℃冰箱中冷冻保存。

3.1.2 菌种来源

筛选菌种来源于云南滇池底泥，采样时间为 2009 年 7 月 15 日，用铁锹直接挖取靠近岸边水体深度为 1m 左右的底部黑泥，从中分离出能够降解 MC-RR 的混合菌群及纯菌种。

3.1.3 微生物培养基及培养条件

基础培养基：$MgSO_4 \cdot 7H_2O$ 1.0g/L，KH_2PO_4 0.5g/L，K_2HPO_4 4.0g/L，NaCl 1.0g/L，$CaCl_2$ 20.0mg/L，$FeSO_4$ 5.0mg/L，$ZnCl_2$ 5.0mg/L，$MnCl_2 \cdot 4H_2O$ 5.0mg/L，$CuCl_2$ 0.5mg/L。

在基础培养基中添加一定浓度的 MC-RR 作为筛选菌种的培养基，其中 MC-RR 作为菌种生长的唯一碳氮源。添加 15.0g/L 的葡萄糖和 1.5g/L 酵母浸粉作为菌种液体培养基，按1.2%~1.5%加入琼脂粉后可制备出对应的固体培养基。配制好的培养基经过 121℃高压蒸汽灭菌 20min。

培养条件：采用 50mL 玻璃三角瓶，培养量 10mL，温度 30℃，摇床转速 200r/min。

3.1.4 药品与试剂

（1）镜检染料。微生物显微镜下镜检的染料包括草酸铵结晶紫、碘液和蕃红购自鼎国生物技术公司。

（2）抗生素。四环素（Tet）、链霉素（Str）、卡那霉素（Kan）、氨苄青霉素（Amp）、氯霉素（Cm）、庆大霉素（Ge）、壮观霉素（Spe）和红霉素（Er）

均购自北京拜尔迪生物技术有限公司。

3.1.5 主要仪器

主要仪器见表3-1。

表3-1 主要仪器

仪　器	型　号	生产厂家
高效液相色谱系统（HPLC）	岛津 LC-10ATvp 型输液泵×2 双泵系统，岛津 SPD-M10Avp 型二极管阵列检测器，美国 Agilent C_{18} column（4.6mm × 250mm，5μm）色谱柱，P/N 7725i 型 20μL 手动进样器，Class-VP Ver 6.3 数据分析工作站	日本岛津公司生产
恒温振荡培养箱	BS-IEA 2001 型	常州国华电器有限公司产品
电热手提式高压蒸汽灭菌消毒器		江苏滨江医疗设备厂
洁净工作台	SW-CJ-1FD 型	吴江市汇通空调净化设备厂生产
高速冷冻离心机	GL-20G-Ⅱ型	上海安亭科学仪器厂生产
分光光度计	722S 可见光分光光度计	上海棱光技术有限公司产品
显微镜	XSZ-HS3 型	重庆光电仪器有限公司产品
pH 计	PHS-3C 型	上海康仪仪器有限公司产品
冷冻冰箱	BCD-281-E 型	依莱克斯公司产品
冷藏冰箱	SC-329GA	青岛海尔集团生产
电子天平	Scout™ Pro 型	奥豪斯国际贸易(上海)有限公司产品
超声波清洗器	KQ5200B 型	昆山市超声仪器有限公司产品
高速台式离心机	1-14	Sigma 公司
真空泵	DOA-P704 型	美国 GAST Manufacturing Inc. 制造
抽滤设备		北京化玻仪器厂
旋转蒸发仪	Buchi Rotavapor R-200 型	德国制造
固相萃取柱	Waters，OASIS™ HLB Cartridge	

3.2 实验方法

3.2.1 MC-RR的分析测定

用经0.45μm滤膜过滤的去离子水，配制一系列不同浓度的标准品MC-RR

溶液，在 HPLC 上定量测定，MC-RR 浓度与其在 HPLC 上的峰高之间有很好的线性关系（见图 3-1），其一元线性回归方程为：MC-RR 浓度（mg/L）= 4.4355×峰高/10^4+0.1592，R^2 = 0.9992，实验中根据测定样品的峰高代入建立的方程，即可计算出 MC-RR 的浓度。HPLC 分析测定的条件是：采用 Agilent C_{18}（5μm）分离柱，流动相为 35%：乙腈 65%水（体积比），水相中含有 0.05%（体积分数）的三氟乙酸，流速 1.0mL/min，紫外检测波长为 239nm，进样量 20μL。

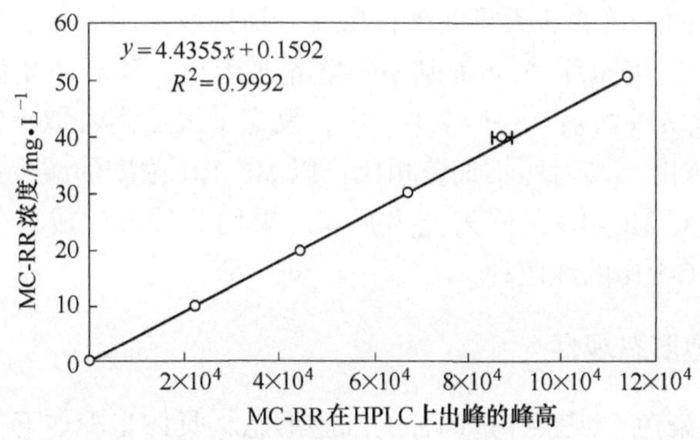

图 3-1 MC-RR 标准曲线

3.2.2 MC-RR 提取提纯

参照文献［57］的方法提取提纯 MC-RR。称取 5.0g 藻粉，加入 50mL 40%甲醇溶液，反复冻融 3 次以上使藻细胞破裂并释放出 MCs。冷冻时间 3h 以上，超声波振荡约 1.0h，超声波输出功率为 450W。在高速冷冻离心机上离心（12000r/min）10min。上清液经 0.45μm 滤膜过滤，再过固相萃取柱（Waters OASIS™ HLB Cartridge）进行吸附。首先 35%甲醇溶液过柱清洗吸附于柱上的杂质和色素至洗脱液接近无色透明，再用 5mL 80%甲醇溶液洗脱吸附于柱上的 MC-RR，流速控制在 1.0mL/min 左右。洗脱液用旋转蒸发仪在 70℃下全部蒸发后，用去离子水溶解残留固体，溶液再经 0.45μm 滤膜过滤后，即可作为降解实验用的 MC-RR 储备液，置于-20℃冰箱中冷冻保存备用。

3.2.3 菌种筛选

3.2.3.1 混合菌种筛选

在 50mL 三角瓶中配制 15mL 液体筛选菌种培养基，分别接种滇池水样和底泥上清液后，在 30℃摇床转速 200r/min 下进行培养。定时取样测定水中的 MC-RR 浓度变化，初步确认底泥和表层水体中的混合微生物菌群降解 MC-RR 的能力强弱。

3.2.3.2 纯菌种筛选

取湿重约 3 g 的滇池底泥，加入 10mL 无菌 0.5%NaCl 溶液稀释并充分振荡混匀。静置 2h 后取 100μL 上清液接种于 1mL 以 MC-RR 提取液为唯一碳源、氮源的液体培养基中，有氧条件下恒温振荡培养（200r/min，30℃）4 天，用接种环蘸取培养物转接到另一同样培养基中再次培养。重复培养 4 次后再转接到含高浓度 MC-RR 培养基中培养 3 天，培养物经稀释适当倍数后分别取 100μL 均匀涂布于固体培养基表面，培养 3 天待菌落长出后分别挑取不同大小、颜色和形状的单克隆菌落，接种于 10mL 液体培养基中。培养 3 天后，离心收集菌体后加入含有 MC-RR 的磷酸盐缓冲溶液（pH=7.0）中，反应 1 天后离心取上清液在 HPLC 上测定 MC-RR 的浓度。与对照不加菌相比，以 MC-RR 浓度的减少量来识别和确定不同微生物菌种对 MC-RR 的降解能力强弱。采用此种方法成功分离出 1 株能够高效生物降解 MC-RR 的纯菌种。

3.2.4 菌株细胞形态观察

采用革兰氏染色，观察筛选菌种的细胞形态，具体步骤如下：

（1）涂片。取灭过菌的载玻片于实验台上，用移液枪吸取 10μL 待检样品滴在载玻片的中央，用烧红冷却后的接种环将液滴涂布成一均匀的薄层，涂布面不宜过大。

（2）干燥。将标本面向上，手持载玻片一端的两侧，小心地在酒精灯上高处微微加热，使水分蒸发，但切勿紧靠火焰或加热时间过长，以防标本烤枯而变形。

（3）固定。固定常常利用高温，手持载玻片的一端，标本向上，在酒精灯火焰处尽快地来回通过 2~3 次，共约 2~3s，并不时以载玻片背面加热触及皮肤，不觉过烫为宜（不超过 60℃），放置待冷后，进行染色。

（4）初染。在涂片薄膜上滴加草酸铵结晶紫染液 1~2 滴，使染色液覆盖涂片，染色约 1min。

（5）水洗。斜置载玻片，在自来水龙头下用小股水流冲洗，直至洗下的水呈无色为止。

（6）媒染。用 100~1000μL 移液枪吸取约 300μL 碘液滴在涂片薄膜上，使染色液覆盖涂片，染色约 1min。

（7）水洗。斜置载玻片，在自来水龙头下用小股水流冲洗，直至洗下的水呈无色为止。

（8）脱色。斜置载玻片，滴加 95%乙醇脱色，至流出的乙醇不现紫色为止，大约需时 20~30s，随即水洗。

（9）复染。在涂片薄膜上滴加沙黄染液 1~2 滴，使染色液覆盖涂片，染色约 1min。

(10) 水洗。斜置载玻片，在自来水龙头下用小股水流冲洗，直至洗下的水呈无色为止。

(11) 干燥与观察。用吸水纸吸掉水滴，待标本片干后置显微镜下，用低倍镜观察，发现目的物后滴一滴浸油在玻片上，用油镜观察细菌的形态及颜色，紫色的是革兰氏阳性菌，红色的是革兰氏阴性菌。

3.2.5 菌株生长曲线的绘制

挑取筛选菌株单克隆菌落接种于 10mL 液体培养基中培养 3 天（30℃，200r/min），取 1mL 菌液接种于 100mL 液体培养基中，每隔 8h 取样，测定培养物在 680nm 下的吸光度值（OD_{680nm}），以 OD_{680nm}值为纵坐标，培养时间为横坐标，绘制微生物生长曲线。

3.2.6 菌株耐盐性研究

配制 NaCl 浓度分别为 0、0.5%、1.0%、1.5%、2.0%、2.5%、3.0%、…、10%的固体培养基，将单克隆菌落在不同盐浓度的培养基上平板划线，30℃培养 3 天，观察其生长情况。

3.2.7 菌株耐酸碱性研究

配制 pH 值分别为 1、2、3、4、5、6、7、8、9、10、11 和 12 的固体培养基，将单克隆菌落在不同 pH 值的培养基上平板划线，观察其生长情况。

3.2.8 菌株抗生素抗性研究

分别配制含有如下 8 种抗生素的固体培养基：四环素（Tet）、链霉素（Str）、卡那霉素（Kan）、氨苄青霉素（Amp）、氯霉素（Cm）、庆大霉素（Ge）、壮观霉素（Spe）和红霉素（Er），将单克隆菌落在含不同抗生素的培养基上平板划线，观察其生长情况。

3.3 MC-RR 的提取提纯结果

以标准品 MC-RR（25mg/L）为参照，从云南滇池水华蓝藻细胞中提取提纯出 MC-RR（图 3-2）。结果显示，HPLC 上 MC-RR 出峰时间为 4.5min（见图 3-2（a）），与藻粉中提取提纯 MC-RR 出峰时间一致（见图 3-2（b））。另外，分别将标准品 MC-RR 和提取提纯的 MC-RR 在 200~300nm 进行了紫外吸收扫描，发现无论是标准品还是提取提纯的 MC-RR 均在 239nm 有最强的紫外扫描图谱且二者的吸收图谱的形状高度相似，结果与所报道的 MC-RR 最大紫外吸收波长在 200~

300nm 范围一致[13,147]。因此可以确认从滇池水华蓝藻中提取提纯的化合物就是 MC-RR。并且经初步测定提取提纯 MC-RR 的纯度为 7.3%左右，可以作为降解底物进行筛选微生物纯菌种的实验。

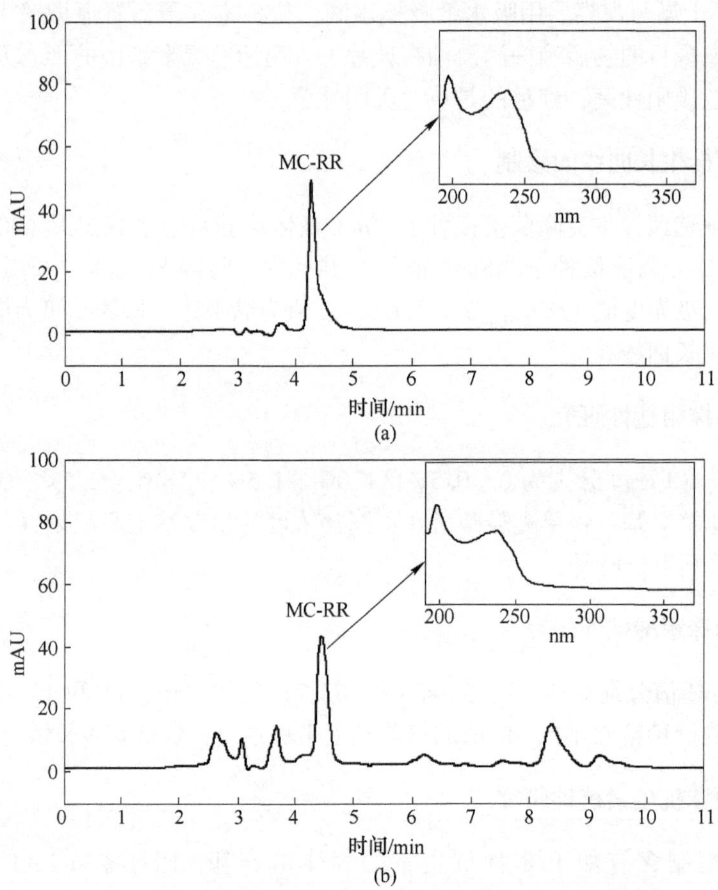

图 3-2 标准品与藻粉中 MC-RR 的 HPLC 出峰及扫面图谱

（a）标准品 MC-RR；（b）藻粉中 MC-RR

3.4 菌种筛选结果

3.4.1 混合菌种筛选

从图 3-3 可以看出，在滇池表层水体和底泥中均存在着具有降解 MC-RR 的微生物菌群。其中，底泥中微生物菌群能够把初始浓度为 30mg/L 的 MC-RR 在 6 天内完全降解，生物降解速率大，延迟期短。而表层水体中的微生物菌群 12 天才能完全降解 MC-RR，降解 MC-RR 的降解速率小，延迟期长。国外学者也发现湖泊[120]和水库[65]中的 MC-RR 能够被缓慢地生物降解，但降解的延迟期较长，一般需要 10 天左右。因此可以进一步从底泥中的微生物菌群进一步筛选，为分离出高效降解 MC-RR 的微生物纯菌种奠定重要的基础。

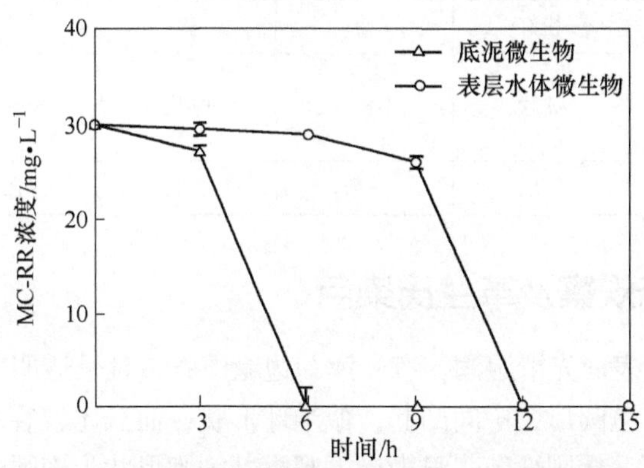

图 3-3 滇池水体和底泥微生物对 MC-RR 的降解

云南滇池近年来一直遭受蓝藻水华污染，由此带来的 MCs 污染严重。MC-RR 属于细胞内毒素，当细胞破裂后才导致 MC-RR 的大量释放，而水华蓝藻细胞可能往往在死亡沉入底部后才破裂，这样导致湖泊底部局部 MC-RR 浓度高，有利于驯化出高效降解 MC-RR 的微生物菌种，这也是底泥中微生物菌群对 MC-RR 的降解能力强于表层水体微生物菌群的原因之一。另外，底泥中微生物的数量比表层水体中的微生物数量多也可能是导致降解 MC-RR 速度快的另一个因素。这些都为在 MC-RR 长期存在条件下选育驯化出了一定量能够降解 MC-RR 的微生物菌群提供了必要条件。目前，尽管国外报道的能够降解 MC-RR 的 2 株纯菌种都是从湖泊表层水体中筛选的[127,148~150]，但与滇池表层水体中微生物菌群相比，底泥微生物菌群对 MC-RR 有更强的降解能力。此结果与金丽娜等[40,119,151]所报道的结果一致，因此选择来自底泥中的微生物菌群进行更进一步筛选。

3.4.2 纯菌种筛选

纯菌种的筛选方法是将液体培养的混合微生物通过在固体培养基上涂平板后进行固体培养，然后挑取单克隆菌落进行分离。

对能够降解 MC-RR 微生物混合菌群进行了连续 3 次每次 6 天的驯化培养后，培养物通过稀释不同倍数后，均匀涂抹于对应的固体培养基表面，经 5 天培养后再挑取不同单克隆菌落测试它们是否有降解 MC-RR 的能力，经过多次筛选最终分别发现了 5 种能够降解 MC-RR 的微生物菌种。表 3-2 显示了这 5 种不同微生物单克隆菌落的表观特点，其中编号 D 的微生物菌落颜色为黄色，单细胞形状为椭圆形（见图 3-4），对 MC-RR 的降解能力最强，命名为 USTB-05。

表 3-2 筛选纯菌种特点

菌种编号	A	B	C	D	E
菌落大小	大	小	小	中	中
菌落颜色	粉红	蓝	蓝	黄	白
放大 100 倍显微观察单细胞形状	球状	小杆状	球状	椭圆状	杆状
降解 MC-RR 能力	较弱	一般	一般	强	较强

3.5 菌落形态观察及革兰氏染色

USTB-05 菌落表面光滑湿润，有光泽，边缘整齐，且呈透明状，中央呈黄色透明状，菌落较小，呈圆形，中间凸起，似半球形状，而且比较容易挑取，经革兰氏染色后确定其为革兰氏阴性菌，显微镜下观察其细胞形状为椭圆形（见图 3-4）。

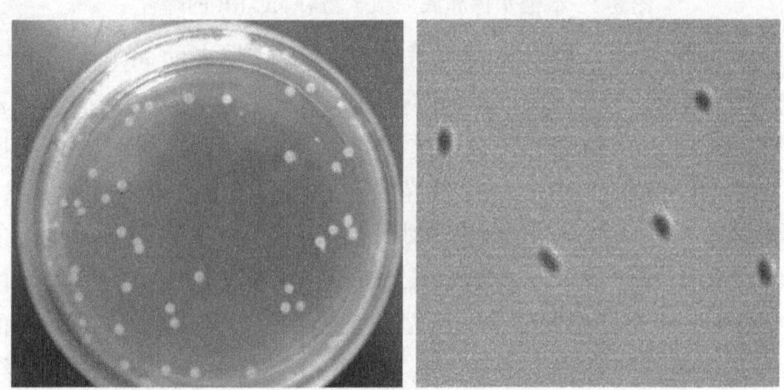

图 3-4 USTB-05 单克隆菌落及细胞形态（×1000）

3.6 USTB-05 的生长曲线

图 3-5 所示为 USTB-05 的生长曲线，USTB-05 菌经过短暂的 10h 迟缓期后开

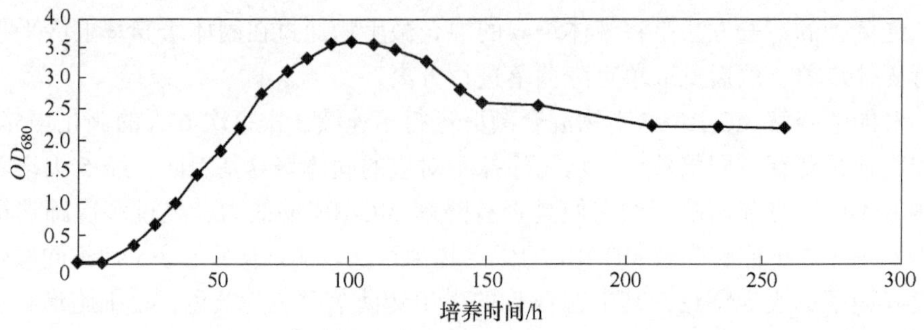

图 3-5 USTB-05 生长曲线

始进入指数生长期迅速增长，80h 后到达稳定生长期，100h 后开始进入衰亡期。

3.7 菌株 USTB-05 的耐盐性

USTB-05 能在含有 0、0.5%、1%、1.5%NaCl 的复合培养基上生长，而在含有 2%NaCl 的复合培养基上培养多天后见有少许菌落生长，生长较为缓慢，在 2.5%NaCl 以及以上的培养基上没有生长，菌株 USTB-05 的最大耐盐度为 2%。

3.8 菌株 USTB-05 的耐酸碱性

从表 3-3 可以看出，USTB-05 能在 pH 值分别为 6~11 的培养基上生长，过酸或者过碱，如 pH=4、5 和 12 均会抑制其生长。USTB-05 生长的最佳 pH 值为 7~8，其中 pH 值为 6 和 11 时细菌生长量较少，相对来说耐碱性较强，而耐酸性较弱，这与暴发蓝藻水华污染的高 pH 值水体环境一致。

表 3-3 不同 pH 值的培养基上 USTB-05 的生长情况

pH 值	4	5	6	7	8	9	10	11	12
实际 pH 值	3.74	4.70	6.08	7.11	8.34	9.26	10.01	11.00	11.98
菌体生长情况	-	-	+	+	+	+	+	+	-

3.9 USTB-05 对抗生素的抗性

从表 3-4 可以看出，USTB-05 在含有 8 种抗生素的复合培养基上均不能生长，可见 USTB-05 对此 8 种抗生素均没有抗性。

表 3-4 不同抗生素的培养基上 USTB-05 的生长情况

编号	抗生素	生长情况
1	四环素（Tet）	—
2	链霉素（Str）	—
3	卡那霉素（Kan）	—
4	氨苄青霉素（Amp）	—
5	氯霉素（Cm）	—
6	庆大霉素（Gen）	—
7	壮观霉素（Spe）	—
8	红霉素（Er）	—

3.10 本章小结

以 MC-RR 为唯一碳源和氮源，从滇池底泥中成功筛选出一株高效降解 MC-

RR 的菌株且命名为 USTB-05。通过对其降解 MC-RR 和生理生化特性进行了研究，得出了以下结论：

（1）滇池蓝藻中存在微囊藻毒素 MC-RR，并且表层水体和底泥中均存在着降解 MC-RR 微生物菌种，其中底泥微生物菌群降解 MC-RR 速率更快，活性更强。

（2）对底泥微生物菌群多次驯化和筛选，发现 5 株菌具有降解 MC-RR 的能力，其中编号为 D 的菌株降解能力最强，命名为 USTB-05。

（3）通过对 USTB-05 菌株的生理生化特性研究，发现其细胞为球状、革兰氏阴性。USTB-05 的最大耐盐度（NaCl）为 2%，可以生长的 pH 值范围 6~11，最佳 pH 值为 7~8，对 Tet、Str、Kan、Amp、Cm、Gen、Spe 和 Er 8 种抗生素均没有抗性。

4 菌株 USTB-05 的分子生物学鉴定

本研究使用国际通用的 16S rDNA 序列分析方法对菌株 USTB-05 进行分类鉴定。

4.1 实验材料

4.1.1 菌株和质粒

(1) USTB-05 菌株：筛选自发生蓝藻水华的滇池底泥中，前期工作发现其对 MC-RR 有很强的降解能力。

(2) 大肠杆菌 *E. coli* DH5α 由本实验室保存。

(3) pGEM-T Easy Vector：Promega 公司产品（见图 4-1）。

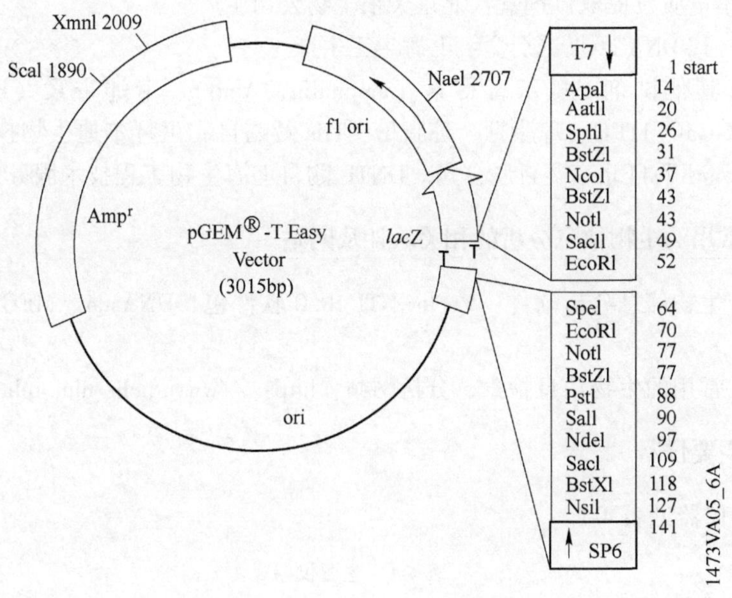

图 4-1 pGEM-T Easy Vector 结构图

4.1.2 培养基

(1) USTB-05 复合培养基及培养条件：同 3.1.3 节中的微生物培养基及培养

条件。

（2）LB培养基：NaCl 10.0g/L，胰蛋白胨 10.0g/L，酵母浸粉 5.0g/L，用去离子水配制并调 pH 值为 7.0 后即为液体培养基，在液体培养基中按 1.2%～1.5%加入琼脂粉后可制备出对应的固体培养基。配制好的培养基经 121℃灭菌 20min。

4.1.3 PCR引物

委托上海生物工程有限公司合成细菌通用保守引物：

正向 P1　5′- AGAGTTTGATCATGGCTCAG -3′

反向 P2　5′- CTACGGTTACCTTGTTACGAC -3′

4.1.4 药品与试剂

（1）工具酶：Taq 酶购自上海生物工程技术服务公司。T4-DNA 连接酶、限制性内切酶 BamHI、EcorI、HindIII 等均购自美国 pGEM 公司。

（2）试剂盒：

1）基因组 DNA 提取试剂盒：北京天根生物公司生产。

2）小量质粒提取试剂盒：北京天根生物公司生产。

3）柱式 DNA 回收试剂盒：上海生工生产。

（3）其他试剂。氨苄青霉素（ampicilin，Amp）、卡那霉素（kanamycin，Kan）、X-Gal、ITPG、琼脂糖、琼脂粉、Tris 碱购自北京拜尔迪生物技术有限公司。Goldview 购自北京赛百胜公司。DNTP 购自上海生物工程技术服务公司。

4.1.5 常用的生物信息分析的相关软件及网站

（1）生物信息分析软件：Vector NTI 10.0 软件包、DNAstar、MEGA3、Primer5.0。

（2）常用的生物信息检索、分析网站：http：//www.ncbi.nlm.nih.gov。

4.1.6 主要仪器

主要仪器见表 4-1。

表 4-1　主要仪器

仪　器	型　号	生产厂家
恒温振荡培养箱	BS-IEA 2001 型	常州国华电器有限公司产品
冷冻冰箱	BCD-281-E 型	依莱克斯公司产品
冷藏冰箱	SC-329GA	青岛海尔集团生产

续表 4-1

仪　　器	型　　号	生产厂家
电热手提式高压蒸汽灭菌消毒器		江苏滨江医疗设备厂
洁净工作台	SW-CJ-1FD 型	吴江市汇通空调净化设备厂生产
高速冷冻离心机	GL-20G-Ⅱ型	上海安亭科学仪器厂生产
高速台式离心机	1-14 型	Sigma 公司生产
超声波清洗器	KQ5200B 型	昆山市超声仪器有限公司产品
真空泵	DOA-P704 型	美国 GAST Manufacturing Inc. 制造
分光光度计	722S 可见光分光光度计	上海棱光技术有限公司产品
漩涡混合器	QL-901 型	其林贝尔仪器制造公司生产
pH 计	PHS-3C 型	上海康仪仪器有限公司产品
电子天平	ScoutTM Pro 型	奥豪斯国际贸易（上海）有限公司产品
-86℃低温冰箱	NU-6382E 型	NUAIR 公司产品
PCR 仪	5331 型	Eppendorf 公司产品
电泳仪	PYY-8C 型	北京六一仪器厂
凝胶成像系统	GIAS-4400 型	北京炳洋科技公司产品

4.2 实验方法

4.2.1 USTB-05 基因组 DNA 的提取

参照北京天根 DNA 提取试剂盒的使用说明书操作，提取 USTB-05 基因组 DNA。将 USTB-05 单克隆菌落接种至 10mL 液体培养基中，30℃，200r/min，培养 3 天。

（1）取 3mL USTB-05 菌液，10000r/min 离心 1min，倒掉上清液。

（2）向沉淀菌体中加入 200μL 缓冲液 GA，用枪头轻轻吹打至菌体彻底悬浮。

（3）向 4 个管中加入 20μL 蛋白酶 K，轻轻旋转混匀。

（4）加入 220μL 缓冲液 GB，轻轻旋转混匀 15s，70℃放置 10min，溶液应变清亮，简短离心以除去管内壁的水珠。

（5）加 220μL 无水乙醇，轻轻旋转，充分混匀 15s，此时可能会出现絮状沉淀，简短离心以除去管内壁的水珠。

（6）将上一步所得溶液和絮状沉淀都加入一个吸附柱 CB3 中，将吸附柱 CB3 放入收集管中，12000r/min 离心 30s，倒掉废液，将吸附柱 CB3 放入收集管中。

（7）向吸附柱 CB3 中加入 500μL 去蛋白液 GD（事先加入无水乙醇），12000r/min 离心 30s，倒掉废液，将吸附柱 CB3 放入收集管中。

（8）向吸附柱 CB3 中加入 700μL 漂洗液（事先加入无水乙醇），12000r/min 离心 30s，倒掉废液，将吸附柱 CB3 放入收集管中。

（9）向吸附柱 CB3 中加入 500μL 漂洗液 PW，12000r/min 离心 30s，倒掉废液。

（10）将吸附柱 CB3 放回收集管中，12000r/min 离心 2min，除去吸附柱中残余的漂洗液。将吸附柱 CB3 盖打开，于室温或 50℃ 温箱放置数分钟，以彻底晾干吸附材料中残余的漂洗液。

（11）将吸附柱 CB3 转入一个干净的离心管中，向吸附膜的中间部位悬空滴加 70μL 经 65～70℃ 水浴预热的洗脱缓冲液 TE，室温放置 2～5min，12000r/min 离心 30s，将基因组溶液收集到离心管中（140μL 分两次加，每次加 70μL，即此步骤重复两次）。

（12）将得到的 140μL 基因组 DNA 置于-20℃ 保存备用。

4.2.2　PCR 反应体系及步骤

PCR 反应是对目的 DNA 进行扩增的步骤，应尽可能保证每个所加样品的洁净度，避免污染。PCR 反应体系（见表 4-2）中标明了每个样品的加样量。

表 4-2　PCR 反应体系

模板	上游引物	下游引物	10×缓冲液	DNTP	Taq 酶	无菌水	总体系
1μL	1μL	1μL	5μL	1μL	0.5μL	39.5μL	50μL

混匀后，进行 PCR 反应，反应条件如下：

（1）94℃ 预变性，5min。

（2）94℃ 变性，1min。

（3）50℃ 退火，1min。

（4）72℃，3min。

（5）重复（2）～（4），30 次。

（6）72℃，10min。

（7）4℃ 保存。

反应结束后，产物可立即进行琼脂糖凝胶电泳，多余样品-20℃ 保存备用。

4.2.3 琼脂糖凝胶电泳

4.2.3.1 50×TAE 溶液的配制

50×TAE 溶液的配制方法如下：

Tris 碱	60.5g
冰醋酸	14.3mL
0.5mol/L EDTA（pH=8）	25.0mL
ddH_2O	补至 1.0 L

4.2.3.2 1%琼脂糖凝胶的配制

1%琼脂糖凝胶的配制方法如下：

琼脂糖粉	1.0 g
1×TAE 液	100.0mL
Goldview	5μL

现在微波炉内溶化琼脂糖 2min，然后再加入 Goldview（一种核酸染料的名称），即配制成 1%琼脂糖凝胶。

4.2.3.3 琼脂糖凝胶电泳

微波炉内加热溶化已凝固的琼脂糖凝胶 2min，待温度下降到 50~60℃时向胶板内倒入 1cm 左右的凝胶，室温静置，让其自然凝固。凝固完全后，放入电泳槽，TAE 缓冲液液面要没过凝胶。取 5μL DNA 样品，与上样缓冲液混匀后上样于 1%琼脂糖凝胶中，同时在相邻的泳道中加入对应的标准 DNA 片段，100V，45min 后，在凝胶成像系统中观察对应的条带，通过与 DNA 片段条带的亮度和位置的比对，即可初步检测出样品 DNA 的浓度和大小。

4.2.4 目的基因的回收

参照上海生工柱式凝胶回收试剂盒的使用说明书从琼脂糖凝胶中回收 DNA 片段。具体步骤如下：

（1）在紫外灯下，用干净的手术刀将目的 DNA 片段的凝胶切割出来，放入干净的离心管中。

（2）向离心管中加入构建缓冲液 500μL，55℃水浴放置 10min，每隔 2min 翻转一次离心管。

（3）将溶化的胶全部倒入吸附柱 CB3 柱子，将 CB3 柱子放入收集管中，8000r/min 离心 1min，倒掉收集管中废液。

（4）向吸附柱 CB3 中加入 500μL 漂洗液（事先加入无水乙醇），8000r/min

离心 30～60s，倒掉废液，将吸附柱 CB3 放入收集管中。

（5）向吸附柱 CB3 中加入 500μL 漂洗液 PW，8000r/min 离心 30～60s，倒掉废液。

（6）将吸附柱 CB3 放回收集管中，12000r/min 离心 2min，除去吸附柱中残余的漂洗液。将吸附柱 CB3 盖打开，于室温或 50℃温箱放置数分钟，以彻底晾干吸附材料中残余的漂洗液。

（7）将吸附柱 CB3 转入一个干净的离心管中，向吸附膜的中间部位悬空滴加 50μL 经洗脱缓冲液 TE，室温放置 1min，12000r/min 离心 2min，将质粒溶液收集到离心管中（100μL 分两次加，每次加 50μL，即此步骤重复两次）。

（8）将收获的 100μL 回收产物置于-20℃保存备用。

4.2.5　目的基因与 pGEM-T Easy 载体连接

PCR 反应中使用的聚合酶为 Taq 酶，此酶的特点是在每条扩增 DNA 的尾端都多加了一个 A。T-载体是末端待用一个 T 的载体，因此可与末端加 A 的扩增片段高效连接。回收的目的片段与 pGEM-T Easy Vector 连接体系见表 4-3。

表 4-3　目的基因与载体连接体系

目的片段	2×缓冲液	T Easy 载体	T4 DNA 连接酶	总体系
3μL	5μL	1μL	1μL	10μL

注：4℃，过夜连接。

4.2.6　连接产物转化 DH5α 感受态细胞

（1）从-70℃冰箱中取出两管感受态细胞，溶化。

（2）将上述 5μL 连接产物加入一管感受态细胞中，混匀，并做一管空白对照，冰上放置 30min。

（3）42℃水浴热激 90s，迅速取出放干。

（4）加入 500μL 已灭菌的 LB 液体培养基（不含抗生素），200r/min，37℃振荡培养 45min，使得质粒的抗性基因复苏表达。

（5）取 200μL 上述菌液+40μL ITPG（100mg/L）+ 40μL X-GAL（50mg/L），用涂布棒均匀地涂布于含有 100mg/mL Amp 的 LB 固体培养基上，37℃倒置培养约 18h。

（6）从上述转化的平板中，用接种针随机挑取白色的菌落，分别接于 10mL 含有 100mg/L Amp 的 LB 液体培养基中，200r/min，37℃振荡培养 18h 左右。

4.2.7　质粒的提取

参照北京天根小量质粒提取试剂盒的使用说明书并稍作改进提取质粒。

将含有抗性质粒的大肠杆菌 DH5α 菌株接种至 10mL LB 液体培养基中，30℃，200r/min，培养 18h。

（1）柱平衡：向吸附柱 CB3 中（将吸附柱 CB3 放入收集管中）加入 500μL 平衡液 BL，12000r/min 离心 1min，弃去收集管中的废液，将吸附柱重新放入收集管中。

（2）取培养的菌液 3mL，12000r/min 离心 1min，尽量吸尽上清液。

（3）向留有菌体沉淀的离心管中加入 250μL 溶液 P1（事先加入 RNaseA），用枪头轻轻吹打到菌体彻底悬浮。

（4）向离心管中加入 250μL 溶液 P2，温和地上下翻转 4~6 次使菌体充分裂解。不可剧烈震荡，时间不宜过长。

（5）向离心管中加入 350μL 溶液 P3，立即温和地上下翻转 6~8 次，充分混匀，此时将出现白色絮状沉淀。12000r/min 离心 10min，此时在离心管底部形成沉淀。

（6）小心地将上清液倒入或用移液枪转移到吸附柱 CB3 中（将吸附柱 CB3 放入收集管中），注意尽量不要吸出沉淀。室温放置 1~2min，12000r/min 离心 30~60s，倒掉收集管中的废液，将吸附柱 CB3 重新放回收集管中。

（7）向吸附柱 CB3 中加入 700μL 漂洗液（事先加入无水乙醇），12000r/min 离心 30~60s，倒掉废液，将吸附柱 CB3 放入收集管中。

（8）向吸附柱 CB3 中加入 500μL 漂洗液 PW，12000r/min 离心 30~60s，倒掉废液。

（9）将吸附柱 CB3 放回收集管中，12000r/min 离心 2min，除去吸附柱中残余的漂洗液。将吸附柱 CB3 盖打开，于室温或 50℃温箱放置数分钟，以彻底晾干吸附材料中残余的漂洗液。

（10）将吸附柱 CB3 转入一个干净的离心管中，向吸附膜的中间部位悬空滴加 50μL 洗脱缓冲液 TE，室温放置 1min，12000r/min 离心 2min，将质粒溶液收集到离心管中（100μL 分两次加，每次加 50μL，即此步骤重复两次）。

4.2.8 阳性克隆鉴定与测序

阳性克隆的两端各有一个 EcorI 的酶切位点，因此可以用限制性内切酶 EcorI 消化提取的质粒，阳性克隆的质粒将至少被切成 2 个片段，由此可以初步鉴定出阳性克隆。

（1）将上述培养的菌液分别取 3mL 提取质粒（做好标记），同时另取 200μL 加入同体积已灭菌的 40%甘油于-70℃保存。

（2）用限制性内切酶 EcorI 消化提取的质粒，反应体系见表 4-4。

取 5μL 酶切产物，与上样缓冲液混匀后上样于 1%琼脂糖凝胶中，同时在相邻的泳道中加入 DNA 片段：DL2000，100 V，40min 后，在凝胶成像系统中观察对应的条带。

表 4-4　酶切验证体系

质粒	10×缓冲液	水	EcorI	总体系
5μL	2μL	12μL	1μL	20μL

注：反应条件：37℃反应 1h。

选取上述的阳性克隆的菌液进行测序，测序引物 T7、SP6，测序工作交由北京三博远志生物技术公司完成。

4.2.9　16S rDNA 序列分析与菌属鉴定

上述的测序结果用 DNAstar 软件进行拼接并去除载体序列的影响，将获得的序列通过 BLAST 搜索与 GeneBank 数据库中的 16S rDNA 基因序列进行同源性比较分析。使用 MEGA3.1 软件采用邻位连接法（Neighbour Joining，NJ）绘制系统发育树，根据菌株 USTB-05 的 16S rDNA 序列在系统发育树中的地位判断其分类归属。所得到的序列提交到 GeneBank 数据库，菌株 USTB-05 的 16S rDNA 基因登录号为 EF607053。

4.3　USTB-05 基因组 DNA 的提取结果

采用北京天根生物公司基因组 DNA 提取试剂盒，成功的提取了 USTB-05 的基因组 DNA，电泳结果显示（见图 4-2），第 1~3 泳道均为基因组 DNA，第 4 泳道为 DNA 片段 DL2000。3 个平行样条带大小一致且远大于 2 kb，条带清晰，特异性较好，没有杂带，平行样之间浓度稍有差别，可以满足下一步酶切、PCR 扩增等操作的需要。

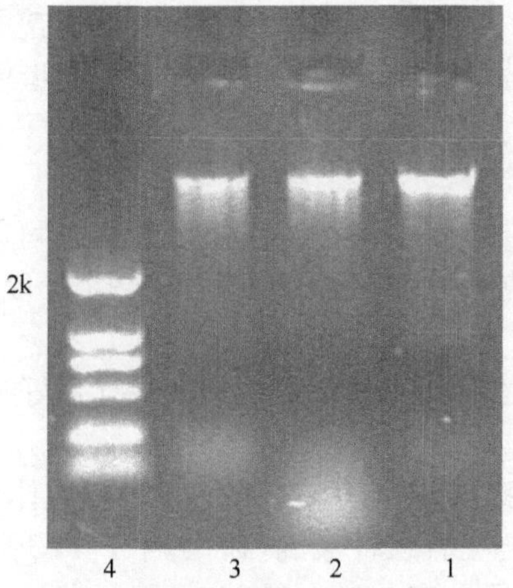

图 4-2　USTB-05 基因组 DNA 电泳图

4.4 16S rDNA 的 PCR 扩增结果

以 USTB-05 的基因组 DNA 为模板，以通用保守引物 P1、P2 为引物，获得 1559 bp 的条带（见图 4-3），条带较清晰，特异性好。回收该片段，连接到 T-Easy 载体上，转化至 DH5α 感受态细胞，涂布在含有 Amp 的 LB 平板上，37℃培养 16h 左右后挑选白斑菌落，提取质粒酶切验证阳性克隆后，用通用引物 T7-SP6 测序。

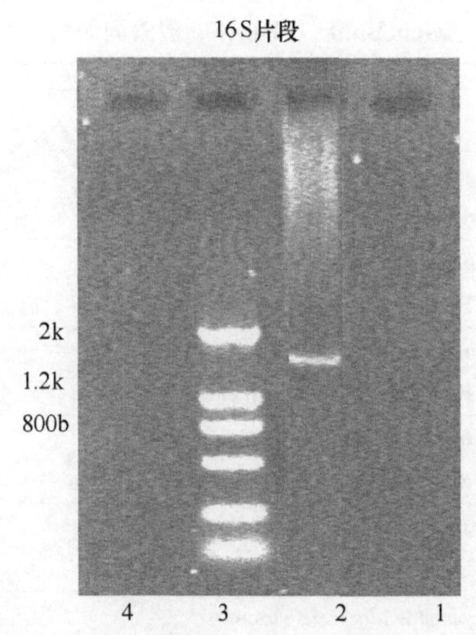

图 4-3 PCR 扩增 USTB-05 目的基因电泳图

4.5 16S rDNA 片段序列分析结果

4.5.1 去载体

测序得到一个长度为 1559 bp 的序列，该序列包含 T-Easy 载体上的一部分序列（含 T7、SP6），用 DNAstar 软件，通过和载体序列的比对，结合引物 P1、P2 的序列，去除载体的影响，得到一个 1453 bp 的序列。图 4-4 所示为去载体过程示意图。

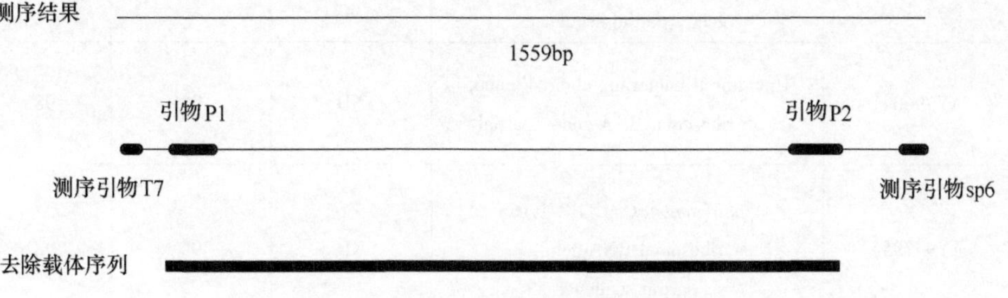

图 4-4 16S rDNA 序列去载体过程

4.5.2 BLAST 搜索

将去除载体影响后的序列通过 BLAST 搜索 GeneBank 上的相关序列，得到一系列有同源性的序列（见表 4-5）与 USTB-05 16S rDNA 序列相似程度最高的为 *Sphingopyxis* sp. C-1，相似程度达 99%。与 USTB-05 有较高的相似性的菌种均属鞘氨醇单胞菌（*Sphingomonas* sp.）。

表 4-5 GeneBank 上 BLAST 搜索同源性序列结果

索取号	菌种类型	是否降解 MCs	序列重复度 /%	最大相似度 /%
AB161684	*Sphingopyxis* sp. C-1 gene for 16S rRNA, partial sequence	D	99	99
AF367204	*Sphingomonas* sp. S37 16S ribosomal RNA gene, partial sequence	ND	99	99
AY337601	*Sphingopyxis alaskensis* 16S ribosomal RNA gene, partial sequence	ND	98	99
AY258083	*Sphingopyxis* sp. DG892 small subunit ribosomal RNA gene, partial sequence	ND	95	99
DQ376583	*Sphingopyxis* sp. TP340-3 16S ribosomal RNA gene, partial sequence	ND	96	99
AF378795	*Sphingomonas alaskensis* strain RB2256 16S ribosomal RNA gene, partial sequence	ND	97	99
AB022601	*Sphingomonas* sp. KT-1 gene for 16S ribosomal RNA, partial sequence	ND	99	98
CP000356	*Sphingopyxis alaskensis* RB2256, complete genome	ND	99	98
DQ376556	Uncultured bacterium clone 16-ORF09 16S ribosomal RNA gene, partial sequence	ND	99	98
AY796041	Uncultured bacterium clone 47mm65 16S ribosomal RNA gene, partial	ND	99	98
AY947554	*Sphingomonas* sp. DB-1 16S ribosomal RNA gene, partial sequence	ND	99	98

续表 4-5

索取号	菌种类型	是否降解 MCs	序列重复度 /%	最大相似度 /%
AB245353	*Sphingopyxis panaciterrae* gene for 16S rRNA, partial sequence, strain：Gsoil 124	ND	99	98
AB245354	*Sphingopyxis panaciterrae* gene for 16S rRNA, partial sequence, strain：Gsoil 164	ND	99	98
AB255383	*Sphingopyxis macrogoltabida* gene for 16S rRNA, partial sequence	ND	99	98
AF145754	*Sphingomonas alaska* strain RB2510 16S ribosomal RNA gene, partial sequence	ND	98	98
AF532188	Monochloroacetic-acid-degrading bacterium MCAA3 16S ribosomal RNA gene, partial sequence	ND	98	98
DQ532295	Uncultured bacterium clone KSC2-79 16S ribosomal RNA gene, partial sequence	ND	99	98
DQ376565	Uncultured bacterium clone 34-ORF08 16S ribosomal RNA gene, partial sequence	ND	98	98
AF145753	*Sphingomonas alaska strain* RB2515 16S ribosomal RNA gene, partial sequence	ND	97	98
AF131297	*Sphingomonas* sp. JSS-54 16S ribosomal RNA gene, partial sequence	ND	98	98
DQ376580	*Sphingopyxis* sp. BH35A-8 16S ribosomal RNA gene, partial sequence	ND	96	98
AB03349. 1	*Sphingomonas* sp. gene for 16S rRNA, partial sequence, strain：IFO 15915	ND	96	98
DQ137852	*Sphingopyxis* sp. Geo24 16S ribosomal RNA gene, partial sequence	ND	97	97

续表 4-5

索取号	菌种类型	是否降解 MCs	序列重复度 /%	最大相似度 /%
D84530	*Sphingopyxis macrogoltabida* gene for 16S ribosomal RNA	ND	96	97
AY509243	*Sphingopyxis macrogoltabida* strain S1n 16S ribosomal RNA gene, partial sequence	ND	97	95
DQ831000	*Novosphingobium* sp. FND-3 16S ribosomal RNA gene, partial sequence	ND	99	94
AB177883	*Novosphingobium* sp. TUT562 gene for 16S rRNA	ND	99	94

注：D 为能降解 MCs；ND 为不能降解 MCs。

鞘氨醇单胞菌属是 20 世纪 90 年代才划分出来的一个新的微生物属，其英文名称一般写为 *Sphingomonas* sp.，也可为 *Sphingopyxis* sp.。鞘氨醇单胞菌的细胞膜用鞘脂糖代替了脂多糖，它具有能够耐受极端贫营养条件、利用各种简单分子、降解复杂有机物的能力，这些也是其最显著的生物学特征[152]。有关筛选分离出的鞘氨醇单胞菌菌株降解 MCs 的研究在国际上已有较多的报道，且普遍与 USTB-05 有着较高的同源性（见表 4-6）。由此可以确定 USTB-05 也属于鞘氨醇单胞菌。

表 4-6 部分可降解 MCs 菌种与 USTB-05 16S rDNA 序列相似性

菌名	菌属	Genebank 索取号	与 USTB-05 相似性
C-1	*Sphingopyxis* sp.	AB161684	99%
MJ-PV	*Sphingomonas* sp.	AF411072	89%
Y2	*Sphingomonas* sp.	AB084247	93.5%
7YC	*Sphingomonas* sp.	AB076083	94%
CBA4	*Sphingomonas* sp.	AY920497	93.5%
MD-1	*Sphingomonas* sp.	AB110635	93.5%

4.6 系统发育树的绘制

结合 BLAST 搜索得到的相关 16SrDNA 序列，使用 clustelx（1.8）软件进行序列比对，采用邻位（Neighbour Joining）连接法，使用 MEGA3.1 软件绘制出 USTB-05 的系统发育树（见图 4-5）。从图中可以看出筛选的鞘氨醇单胞菌 USTB-05 与其他的鞘氨醇单胞菌虽然有一定的亲缘关系，但相似度没有达到 100%，说明 USTB-05 属于一株新的鞘氨醇单胞菌株。因此可将该菌株定属至鞘氨醇单胞菌 USTB-05（*Sphingopyxis* sp. USTB-05）。

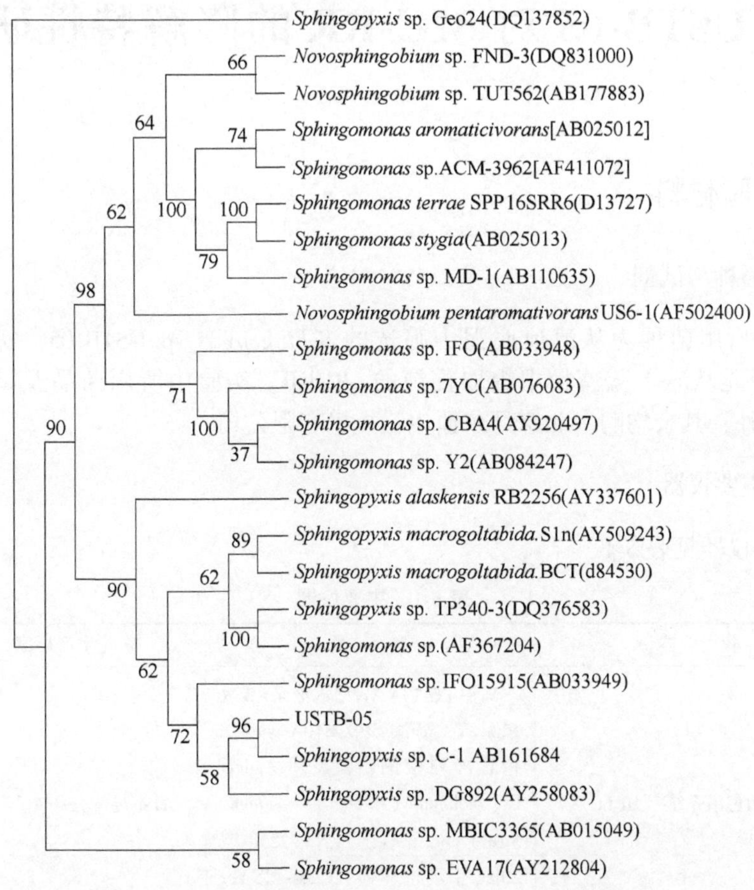

图 4-5 USTB-05 基于 16S rDNA 的分子进化树

4.7 本章小结

本章扩增出菌株 USTB-05 的 16S rDNA 序列，长度为 1453 bp ，将该序列提交到 GeneBank，其登录号为 EF607053。通过 BLAST 搜索与其有同源性的序列，绘制系统进化树，最终将菌株 USTB-05 归属为鞘氨醇单胞菌 USTB-05（*Sphingopyxis* sp. USTB-05）。

5 USTB-05 对 MC-RR 的降解特性研究

5.1 实验材料

5.1.1 菌种与试剂

实验所用菌种为从滇池底泥中筛选的 *Sphingopyxis* sp. USTB-05。实验所用 MC-RR 都是从冻干蓝藻粉中提取提纯的 MC-RR。实验中所用药品及试剂除同 4.1.4 节外，其余均购于北京拜尔迪生物技术有限公司。

5.1.2 主要仪器

主要仪器见表 5-1。

表 5-1 主要仪器

仪　器	型　号	生产厂家
高效液相色谱系统（HPLC）	岛津 LC-10ATvp 型输液泵×2 双泵系统，岛津 SPD-M10Avp 型二极管阵列检测器，美国 Agilent C_{18} column （4.6mm × 250mm，5μm）色谱柱，P/N 7725i 型 20μL 手动进样器，Class-VP Ver 6.3 数据分析工作站	日本岛津公司生产
恒温振荡培养箱	BS-IEA 2001 型	常州国华电器有限公司产品
电热手提式高压蒸汽灭菌消毒器		江苏滨江医疗设备厂
洁净工作台	SW-CJ-1FD 型	吴江市汇通空调净化设备厂生产
高速冷冻离心机	GL-20G-Ⅱ型	上海安亭科学仪器厂生产
分光光度计	722S 可见光分光光度计	上海棱光技术有限公司产品
pH 计	PHS-3C 型	上海康仪仪器有限公司产品
电子天平	ScoutTM Pro 型	奥豪斯国际贸易（上海）有限公司产品

5.2 实验方法

在基础培养基上添加葡萄糖和酵母粉作为碳源、氮源配制液体培养基，挑取USTB-05单克隆菌落接种于液体培养基中，在30℃和转速200r/min下培养3天后，按1%的接种量接种到新鲜培养基中。新鲜培养基的配制方法是在基础培养基上仅添加高浓度提取MC-RR作为唯一的碳源、氮源。在30℃和转速200r/min培养3天后，转接至以MC-RR为唯一的碳源、氮源的新鲜培养基中。研究溶解氧、温度和pH值对鞘氨醇单胞菌USTB-05降解MC-RR的效应。

5.2.1 溶解氧对USTB-05降解MC-RR的效应

在微生物基础培养基中添加一定量提取提纯的MC-RR作为唯一的碳源和氮源，用50mL三角瓶加入配制好的液体培养基10mL，121℃高温灭菌20min，然后在洁净工作台中接入0.1mL USTB-05培养物，同时设置对照组。培养条件：30℃，200r/min。通过封口膜带孔和不带孔控制溶解氧状态。每隔12h取样，取样量0.5mL。样品经高速离心（12000r/min，5min），上清液用0.45μm滤膜过滤，采用HPLC分析样品中MC-RR的含量。同时1mL菌液测定在波长680nm下的菌体浓度OD_{680nm}值。

5.2.2 温度对USTB-05降解MC-RR的影响

在基础培养基上添加一定量提取提纯的MC-RR作为唯一的碳源、氮源，用50 mL三角瓶中加入配制好的液体培养基10mL、121℃高温灭菌20min，然后在洁净工作台中接入0.1mL驯化好的USTB-05，同时设置对照组。分别在25℃、30℃、37℃下摇床培养，摇床转速均为200r/min。每隔12h取0.5mL菌液，经高速离心（12000r/min，5min）后去除菌体，上清液用0.45μm滤膜过滤，采用HPLC分析样品中MC-RR的含量。同时1mL菌液测定在波长680nm下的菌体浓度OD_{680nm}值。

5.2.3 pH值对USTB-05降解MC-RR的影响

在基础培养基上添加一定量提取提纯的MC-RR作为唯一的碳源、氮源，50 mL三角瓶中加入配制好的液体培养基10mL，用NaOH和HCl调节培养基的pH值为5.0、7.0、9.0，121℃高温灭菌20min，然后在洁净工作台中接入0.1mL驯化好的USTB-05，同时设置对照组。30℃，200r/min条件下振荡培养，每隔12h取0.5mL菌液，经高速离心（12000r/min，5min）后去除菌体，上清液用0.45μm滤膜过滤，采用HPLC分析样品中MC-RR的含量。同时1mL菌液测定在波长680nm下的菌体浓度OD_{680nm}值。

5.2.4　USTB-05 菌株对 MC-RR 的降解

挑取平板上 USTB-05 单克隆菌落于 50 mL 含 10 mL 液体复合培养基的锥形瓶中培养（30℃，200r/min，3 天）。按 1%体积比接种于 200mL 含 50mL 复合培养基的锥形瓶中，其中 MC-RR 终浓度为 42.3mg/L。每 12h 取样。样品经高速离心（18000r/min，10min）后取上清液直接在 HPLC 上分析测定。并同时测定菌体的 OD_{680nm}值。

5.2.5　USTB-05 菌株无细胞提取液（CE）制备

基础培养基中加入葡萄糖（20g/L）和酵母粉（5g/L）分别作为碳源和氮源对 USTB-04 菌进行批量培养。离心（10000r/min，10min）收获培养 3 天后的菌体细胞，用磷酸盐缓冲溶液清洗细胞 3 次并重新悬浮，使其细胞干重浓度约为 10~20g/L。在冰上用超声波细胞粉碎机破碎细胞。破碎条件：工作时间 8s，间隔时间 4s，全程时间 36min，输出功率 400W，温度 4℃。破碎后的混合液经高速冷冻离心（18000r/min，20min，4℃）后，取上清液即为 USTB-04 菌的无细胞提取液（cell-free extract，CE），分装于 1.5mL 小指管中保存于-20℃冰箱备用，其蛋白浓度用 Bradford 检测法测定[153]，结果如图 5-1 所示 。

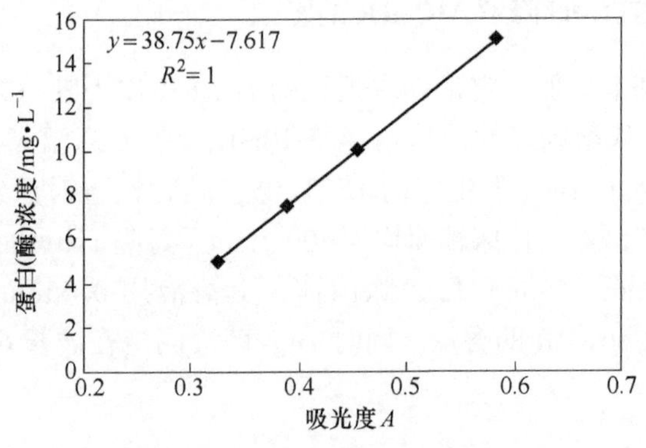

图 5-1　蛋白（酶）标准曲线

5.2.6　CE 对 MC-RR 的降解

USTB-05 无细胞提取液降解标准品 MC-RR 的酶促反应动力学实验在 50mmol/L 磷酸盐缓冲体系中进行，加入 CE 和 MC-RR 提取液进行降解反应，反应总体积 3mL。其中，MC-RR 的初始浓度为 42.3mg/L，CE 的终浓度在反应体系中分别为 70mg/L、210mg/L 和 350mg/L。反应条件：摇床转速 200r/min，温度 30℃。定时取样，样品经高速离心（18000r/min，10min）后取上清液直接在

HPLC 上分析测定。

5.3 溶解氧的效应

在经过 24h 的培养，对照组中 MC-RR 基本保持不变，而采用可通过空气的封口膜，即有氧组中 MC-RR 浓度降低到 2mg/L，到 36h 时后完全检测不到 MC-RR 存在。而不能通过空气的胶膜，即无氧组中 24h MC-RR 浓度仅仅降低了 5mg/L，并且随后其浓度基本保持不变。之所以出现这种现象，据推测是原因是在用胶膜封闭瓶口之前，三角瓶中就已经有部分氧气存在，这些氧气能够维持 USTB-05 在 24h 的降解活性，因此有部分 MC-RR 得到降解。而有氧组中因氧气始终存在，USTB-05 菌株始终保持降解 MC-RR 的活性，到 36h 后就完全降解 MC-RR。由此可以确定 USTB-05 在有氧条件下生物降解 MC-RR 的能力更强，这一点与有关报道一致[154]，如图 5-2 所示。

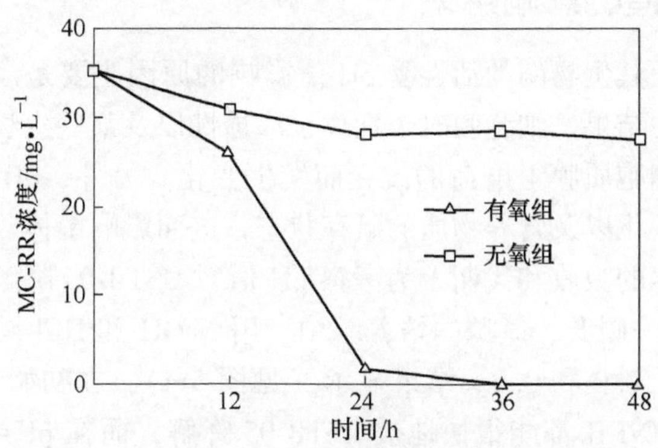

图 5-2 溶解氧对 USTB-05 降解 MC-RR 的影响

5.4 温度的影响结果

生物酶催化反应过程是生物降解中的重要过程。其中温度是影响酶反应动力学的重要因素之一，而且也会影响微生物生长速度，因而温度在控制污染物的降解方面具有关键的作用。实验中采用了 25℃、30℃ 和 37℃ 3 种温度梯度。实验结果表明（见图 5-3），三种温度条件下 MC-RR 的降解速度有所不同。25℃下 USTB-05 能降解 MC-RR，但降解速度稍慢。30℃下 USTB-05 对 MC-RR 的降解速度最快。37℃时 MC-RR 降解缓慢，在最初的 36h 内基本上无降解。造成这样的原因可能是由于细菌接种到新培养基中后，细胞增殖要在一定温度范围内进行，并且较高的温度有利于细胞酶的合成，因此降解速率随着温度的升高逐渐增加，但是温度过高，菌细胞生长和酶的生成就会得到抑制，就会导致降解效能下降。因此可以确定 USTB-05 的最佳降解 MC-RR 的温度是 30℃。

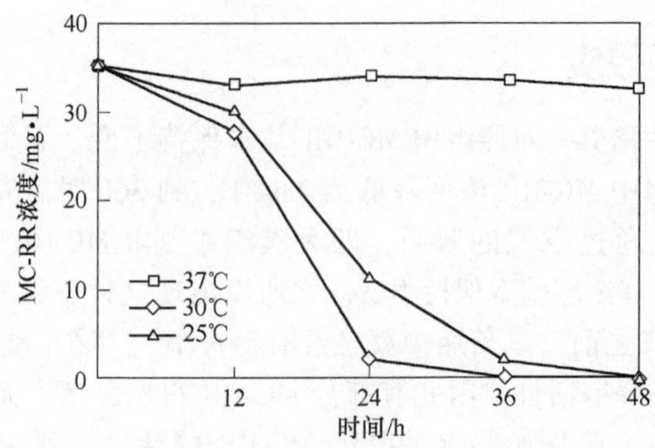

图 5-3　温度对 USTB-05 降解 MC-RR 的影响

5.5　初始 pH 值的影响结果

微生物生长及其生物酶的活性受 pH 值影响的原因主要是氢离子与细胞质膜中的酶相互作用的结果。细胞膜对个别离子渗透性以及某些生物酶对营养物质的转运过程会随着细胞质膜上电荷的改变而发生变化。另外，pH 值还能影响培养基中有机物的离子化以及营养物质的赋存状态，进而影响菌体对营养物质的利用率以及菌体对营养的吸收和代谢。为考察 pH 值对 USTB-05 降解 MC-RR 的效应，在以 MC-RR 为唯一碳源、氮源的培养基中，用 NaOH 和 HCl 调节培养基的初始 pH 值分别为 5.0、7.0 和 9.0。结果显示（见图 5-4），在初始 pH = 7.0 和 pH = 9.0 的条件下，MC-RR 都能很快地被 USTB-05 降解，而在 pH = 5.0 的酸性条件下，MC-RR 的降解速度比较缓慢。并且在 pH = 7.0 的条件下，MC-RR 的降解速度最快。

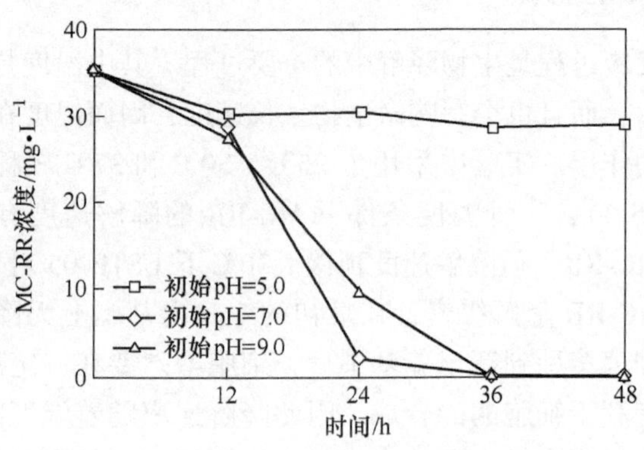

图 5-4　pH 值对 USTB-05 降解 MC-RR 的影响

5.6 不同培养条件下 USTB-05 的生长情况

对于不同温度和不同 pH 值条件下培养的菌液，在培养的最后阶段取 1 mL 菌液测定在 680nm 下的菌体浓度，不同的菌体浓度反映了 USTB-05 在不同培养条件下的生长情况。不同温度和 pH 值下培养 48h 后 USTB-05 的生长情况有所不同（见图 5-5）。结果显示，在 pH＝5.0 和 37℃的条件下 USTB-05 几乎不生长，菌体浓度 OD_{680nm}均小于 0.1，对应在这两种情况下的 MC-RR 的降解速度也很缓慢。而在 25℃、30℃、pH＝7.0 和 pH＝9.0 这四种条件下 USTB-05 的生长良好，菌浓度 OD_{680nm}都在 0.6 左右。由此可以看出，37℃下可能已经超出了 USTB-05 的耐受温度，造成其不生长。前期研究表明，USTB-05 耐碱性较强，耐酸性较弱。在 30℃，pH＝7.0 的情况下 USTB-05 的生长情况最好，菌浓度 OD_{680nm}达到 0.65，此时 USTB-05 降解 MC-RR 的速率也是最快的。因此可以确定 USTB-05 的最佳培养条件是在有溶解氧的情况下，温度 30℃，pH 值为 7.0。研究结果与 Kunihiro Kunihiro 等人[155]所报道的鞘氨醇单胞菌 C-1 的最佳生长条件一致。

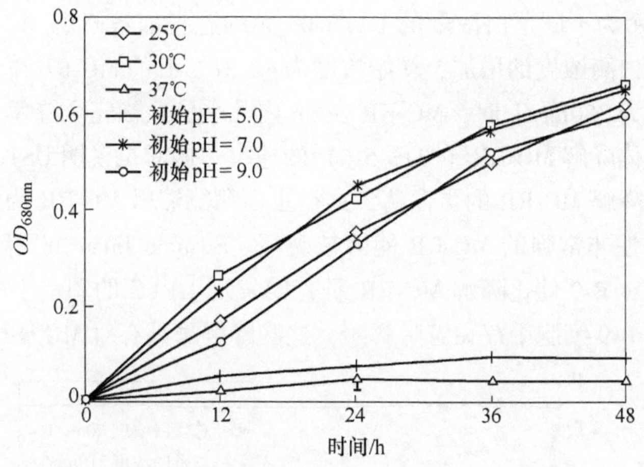

图 5-5 不同培养条件下 USTB-05 生长情况

5.7 USTB-05 菌株对 MC-RR 的降解

从图 5-6 中可以看出，在 48h 内 USTB-05 在最适条件下基本按照线性的关系迅速增长，但从第 36h 到第 48h 其生长的速率明显减缓。初始为 42.3mg/L 的 MC-RR 随时间的延长都迅速减少，当实验进行到第 36h 时 MC-RR 已基本全部降解。在 36h 内，USTB-05 日均降解 MC-RR 的速率高达 28.2mg/L，明显高于国外所报道的鞘氨醇单胞菌日平均降解 MC-RR 能力[124,131,132]，也高于国内筛选 *Ralstonia solanacearum* 日平均降解 MC-RR 为 16.7mg/L 的水平[133]。

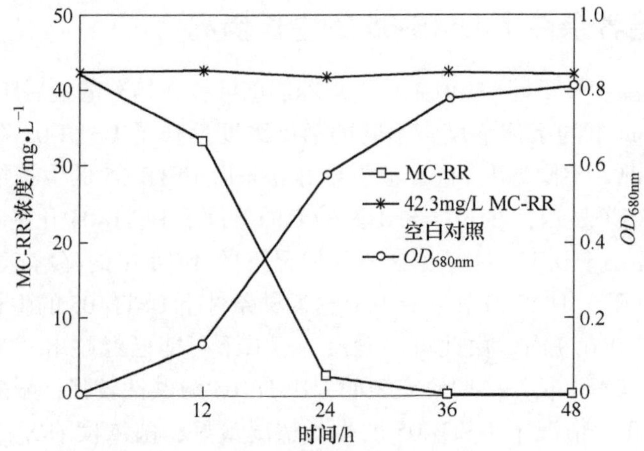

图 5-6　USTB-05 菌体降解 MC-RR 动力学过程

5.8　无细胞提取液对 MC-RR 的降解

图 5-7 所示为不同蛋白浓度的 USTB-05 无细胞提取液降解 MC-RR 的动力学过程。随着蛋白酶浓度的增加，初始浓度为 42. 3mg/L 的 MC-RR 降解速率逐步增加，蛋白浓度为 350mg/L 时，MC-RR 在 8h 内几乎已经被完全降解，其降解能力远远高于与菌体降解 MC-RR（见图 5-6）的速率。同时也说明 USTB-05 菌株细胞内存在着高效降解 MC-RR 的蛋白酶，这类蛋白酶能够以 MC-RR 为底物进行催化降解，使稳定性非常强的 MC-RR 能够被破坏。Susumu Imanishi 等人[156]利用鞘氨醇单胞菌在对 B-9 催化降解 MC-RR 研究中发现 HPLC 的图谱上有中间产物的出现，并推断 B-9 细胞中存在着降解酶，这些降解酶具有对 MC-RR 降解的专一

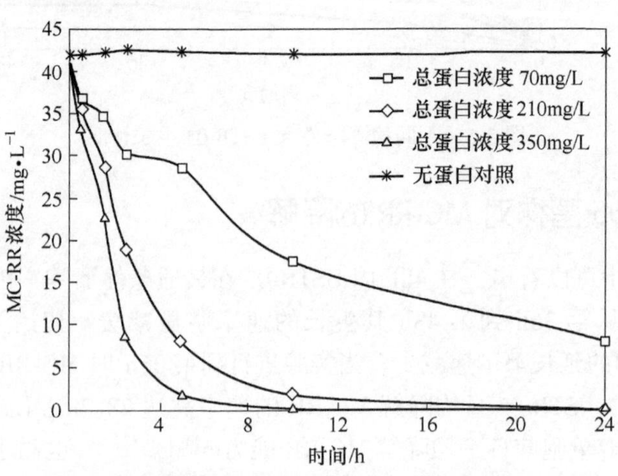

图 5-7　不同浓度的无细胞提取液降解 MC-RR

性。这为下一步的研究奠定了坚实的前期基础。同时也为生物降解 MC-RR 提供了重要的理论基础。

图 5-8 所示为蛋白浓度为 350mg/L 的催化条件下，初始 MC-RR 浓度为 42. 3mg/L 随时间变化的 HPLC 图谱。在加入蛋白酶之后的初始阶段 MC-RR 峰值的保留时间为 7. 0min（见图 5-8（a））。随着时间的增加，MC-RR 的峰值不断降低，2 h 内 MC-RR 的峰值几乎降低一半，此时分别在出峰时间为 3. 8min、11. 2min 和 15. 5min 的地方分别出现了降解产物 A、B 和 C（见图 5-8（b））；4h 后，MC-RR 的峰高继续降低，降解产物 A 的峰值也开始降低，产物 B 和 C 开始均有所升高（见图 5-8（c））；8h 后，MC-RR 已经检测不到，产物 A 也随之消失，产物 B 的峰值也开始有所降低，而产物 C 的峰值继续增加（见图 5-8（d）），12h 以后，只有产物 C 存在，而且其峰值不再升高，MC-RR、产物 A 和产物 B 都已经完全消失（见图 5-8（e）和（f））。结合图 5-9 的结果分析，MC-RR、产物 A、产物 B 和产物 C 的扫描图谱在 230~240nm 处均有大吸收波长（λ_{max}），而且四者的相似系数（similarity index，SI）均达到 0. 98 以上，相似度非常高。MC-RR

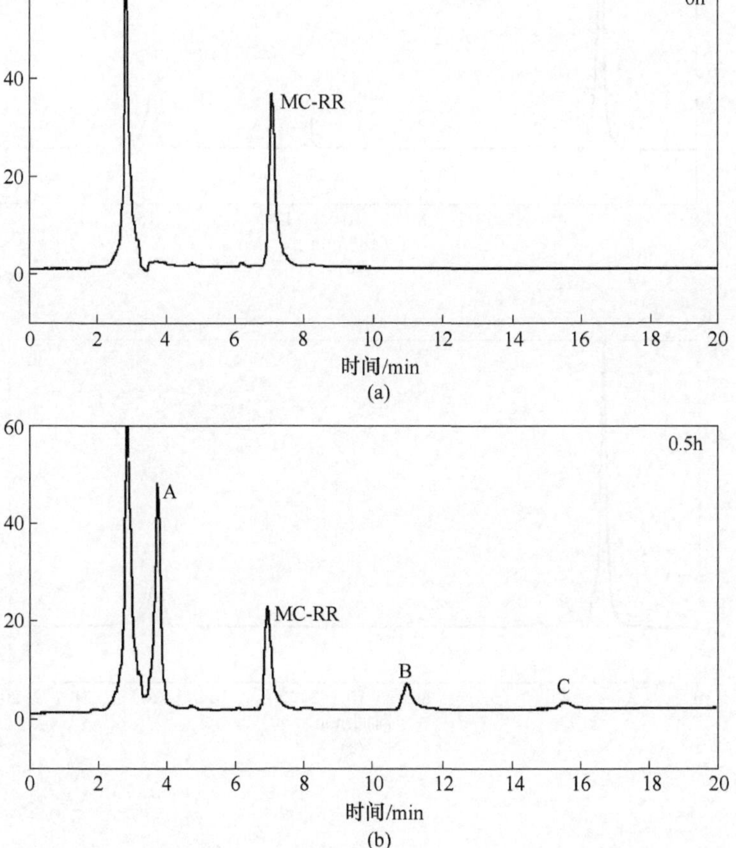

(a)

(b)

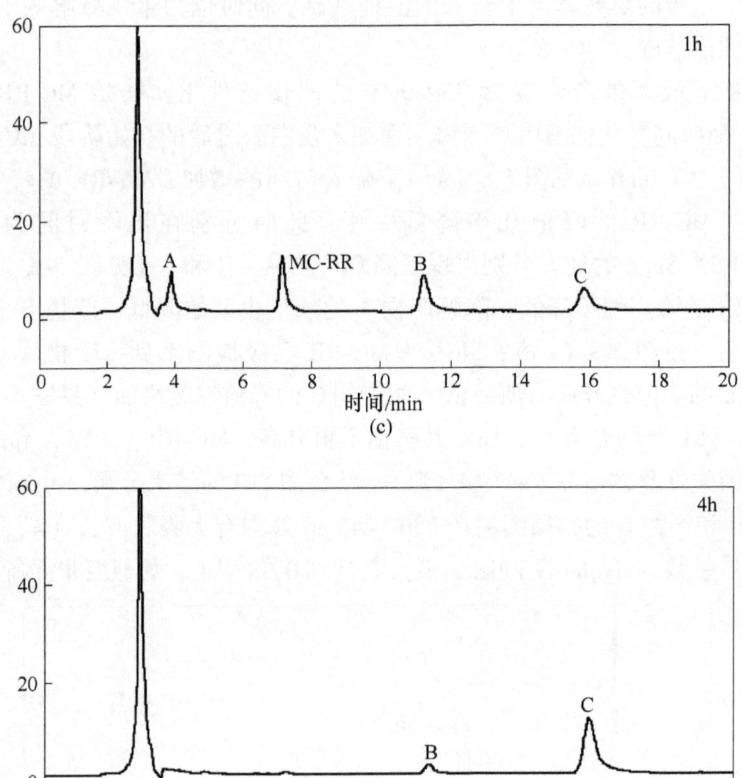

(c)

(d)

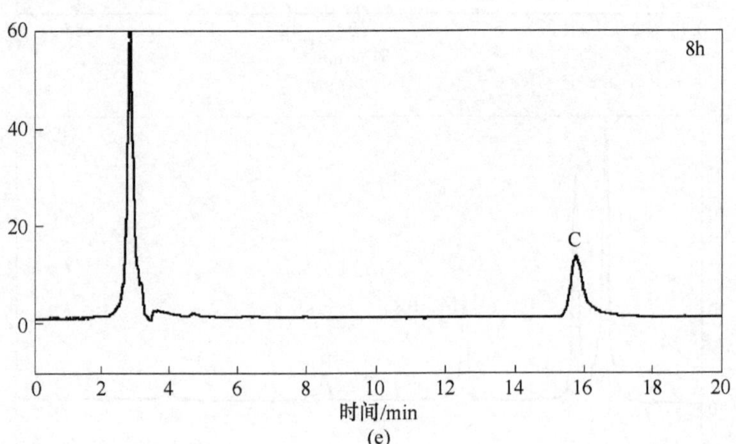

(e)

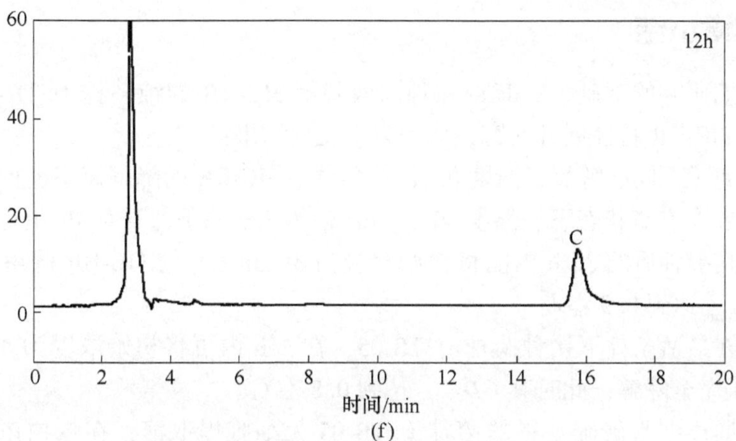

图 5-8 无细胞提取液降解 MC-RR 的 HPLC 图谱

在紫外区的吸收主要取决于 Adda 基团和其共轭双键结构，该基团的去除或共轭双键的破坏，会使对应产物在 210~240nm 范围内完全透过而没有吸收峰。产物 A、产物 B 和产物 C 的 λ_{max} 都在 230~240nm 之间，且 3 者的扫描图谱与 MC-RR 的扫描图谱相似度非常高，故产物 A、产物 B 和产物 C 的 Adda 基团和共轭双键结构应该仍然保持完整结构[157]。这说明 USTB-05 中存在着至少 3 段催化降解 MC-RR 的基因，三段基因对应编码的三种蛋白酶参与催化降解 MC-RR 的过程，逐步把有毒大分子的 MC-RR 逐步降解为小分子无毒化合物。Bourne 等人[143]在研究鞘氨醇单胞菌 MJ-PV 催化降解 MC-LR 的过程中发现，该菌中同样存在着四段降解基因 *mlrA*、*mlrB* 和 *mlrC*，USTB-05 菌株中可能存在着与 MJ-PV 菌催化降解 MC-LR 的功能一致的降解 MC-RR 的基因，这为 USTB-05 催化降解 MC-RR 的途径与机理研究奠定了重要的基础。

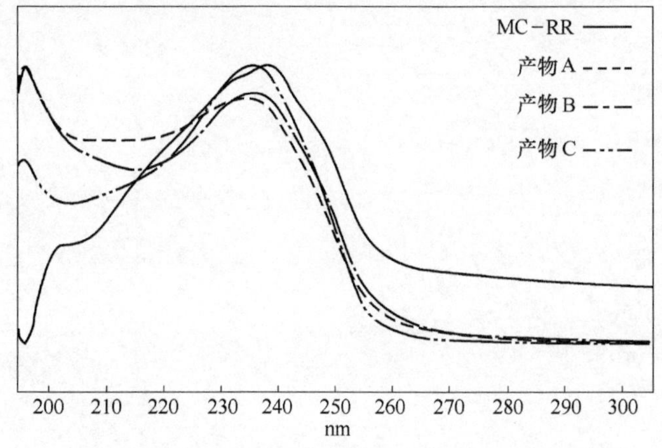

图 5-9 MC-RR 及其降解产物在 HPLC 上的扫描图谱

5.9　本章小结

在前期研究的基础上，获得一种高效降解 MC-RR 的纯菌株 USTB-05，本章对其降解 MC-RR 特性展开研究，取得以下主要结果：

（1）通过不同溶解氧、温度和 pH 值条件下 MC-RR 的降解速率进行比较，发现 USTB-05 在有氧状态下、温度 30℃、pH 值为 7.0 的条件下对 MC-RR 的降解能力最强，在接种后的 36 h 内能将初始含量为 35.3mg/L 的 MC-RR 降解完全，此时其 OD_{680nm} 达到 0.9 左右。

（2）在最适条件下接种菌株 USTB-05，在 36h 内可将初始浓度为 42.3 mg/L 的 MC-RR 完全降解，此时其 OD_{680nm} 达到 0.8 左右。

（3）通过细胞破碎获得的菌株 USTB-05 无细胞提取液，在蛋白浓度为 350 mg/L 下，初始浓度为 42.3 mg/L 的 MC-RR 能在 8h 内完全被降解，其催化降解 MC-RR 的能力远远高于菌体降解能力。

（4）通过活性蛋白酶催化降解动力学过程的 HPLC 谱图分析发现，MC-RR 在酶的催化下相继出现 3 个降解产物，分别是产物 A、B 和 C，其中产物 A 和产物 B 是中间产物，产物 C 是最终产物。结合扫描图谱发现，MC-RR 和三个产物在 230~240nm 处均有大吸收波长（λ_{max}），而且四者的相似系数（SI）均达到 0.98 以上，相似度非常高。由此推测鞘氨醇单胞菌 USTB-05 细胞中至少存在三种催化降解 MC-RR 的酶。

6　基因 *USTB-05-A* 的克隆

基因是分子生物学信息携带者。根据 USTB-05 菌体无细胞提取液催化降解 MC-RR 动力学过程，结合 16Sr DNA 序列分析比对发现，鞘氨醇单胞菌 MJ-PV 与 USTB-05 有较高的同源性，且鞘氨醇单胞菌 MJ-PV 降解 MCs 的四段基因 *mlrA*，*mlrB*，*mlrC* 和 *mlrD* 序列已知，因此推断菌株 USTB-05 也含有类似的四个基因。因此，采用分子生物学技术首先克隆出降解基因 *USTB-05-A*，并分析降解基因的核苷酸序列组成、基因片段长度以及基因编码方向等生物学信息是研究降解基因如何参与催化降解 MC-RR 过程的关键，为后续成功表达出具有生物学活性的蛋白酶奠定重要前期基础。

6.1　实验材料

6.1.1　菌种

菌种包括：

（1）菌株 USTB-05 本实验室保存。

（2）大肠杆菌 *E. coli* DH5α 由本实验室保存。

（3）大肠杆菌 DH5α 感受态细胞购于 pGEM 公司。

（4）克隆载体：pGEM-T Easy，宿主菌 *E. coli* DH5α。

（5）表达载体：pGEX-4T-1，宿主菌 *E. coli* BL21（DE3）。

（6）大肠杆菌 DH5α 和 BL21（DE3）感受态细胞均购自天根生物公司。

6.1.2　药品及试剂

药品及试剂包括：

（1）水。HPLC 使用的水相为超纯水，分子生物学实验使用的是无菌双蒸水（ddH_2O），其他实验使用普通去离子水。

（2）有机溶剂。HPLC 使用的有机试剂如甲醇、乙腈等为色谱级纯，其他试剂均为分析纯。

（3）酶。Taq DNA 聚合酶购自美国 Promega 公司；T4-DNA 连接酶购自美国 PGEM 公司；限制性内切酶购自日本 Takara 公司。

（4）试剂盒。基因组 DNA 提取试剂盒购自加拿大 Bio Basic 公司；质粒小量提取试剂盒购自加拿大 Bio Basic 公司；凝胶 DNA 回收试剂盒购自加拿大 Bio Basic 公司；T 载体连接试剂盒购自美国 Promega 公司和上海生工。

（5）引物。引物均由北京三博远志生物技术公司合成。

（6）其他试剂。氨苄青霉素（ampicilin，Amp）、卡那霉素（kanamycin，Kan）、X-Gal、ITPG、琼脂糖、琼脂粉、Tris 碱购自北京拜尔迪生物技术有限公司。Goldview 凝胶染色剂购自北京赛百胜公司。DNTP 购自上海生物工程技术服务公司。

书中未注明的其他试剂均为分析纯。

6.1.3　主要溶液

实验中所用到但未列出的分子生物学溶液及贮存液均参照《分子克隆实验指南（第三版）》的方法配制。

6.1.4　主要仪器

同 5.1.2 节主要仪器，见表 6-1。

表 6-1　主要仪器

仪器	型号	生产厂家
高效液相色谱系统（HPLC）	岛津 LC-10ATvp 型输液泵×2 双泵系统，岛津 SPD-M10Avp 型二极管阵列检测器，美国 Agilent C_{18} column（4.6mm×250mm，5μm）色谱柱，P/N 7725i 型 20 μL 手动进样器，Class-VP Ver 6.3 数据分析工作站	日本岛津公司生产
恒温振荡培养箱	BS-IEA 2001 型	常州国华电器有限公司产品
电热手提式高压蒸汽灭菌消毒器		江苏滨江医疗设备厂
洁净工作台	SW-CJ-1FD 型	吴江市汇通空调净化设备厂生产
高速冷冻离心机	GL-20G-Ⅱ型	上海安亭科学仪器厂生产
分光光度计	722S 可见光分光光度计	上海棱光技术有限公司产品
pH 计	PHS-3C 型	上海康仪仪器有限公司产品
电子天平	ScoutTM Pro 型	奥豪斯国际贸易（上海）有限公司产品

6.2　实验方法

6.2.1　PCR 获取 USTB-05 降解基因簇片段

通过 16S rDNA 序列分析比对发现鞘氨醇单胞菌 ACM-3962 与 USTB-05 有较

高的同源性（见图 4-5），且鞘氨醇单胞菌 ACM-3962 降解 MCs 的四个基因 *mlrA*、*mlrB*、*mlrC* 和 *mlrD* 序列已知，推断 USTB-05 也含有类似四个基因。在以上假设的基础上，根据 *mlrA* 基因的序列设计引物 M1、M2，以 USTB-05 的基因组 DNA 为模板，用 Taq plus DNA 聚合酶扩增 USTB-05 的对应序列，命名为 M 片段，如图 6-1 所示。

上游引物 M1　　5′-GACCCGATGTTCAAGATAC-3′

下游引物 M2　　5′-CTCCTCCCACAAATCAGG-3′

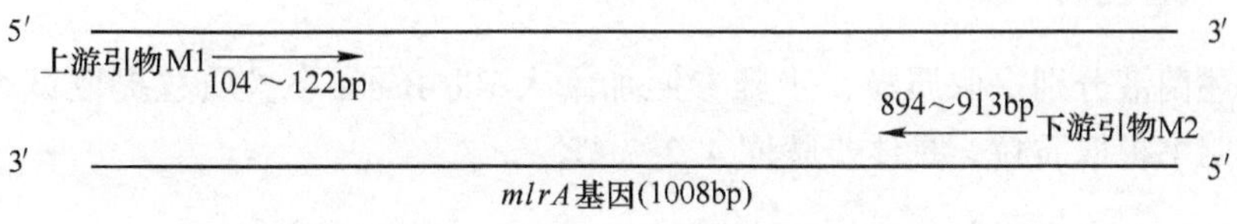

图 6-1　M1、M2 引物设计

建立 PCR 体系见表 6-2，模板为使用 4.2.1 节方法提取的 USTB-05 基因组 DNA。

表 6-2　M 片段 PCR 扩增反应体系

模板	上游引物	下游引物	缓冲液	DNTP	Taq 酶	ddH_2O	总体系
1μL	1μL	1μL	5μL	1μL	0.5μL	39.5μL	50μL

混匀后，进行 PCR 反应，反应条件如下：

（1）94℃预变性，5min。

（2）94℃变性，1min。

（3）50℃退火，1min。

（4）72℃，3min。

（5）重复（2）~（4），30 次。

（6）72℃，10min。

（7）4℃保存。

PCR 产物使用琼脂糖凝胶电泳分析。

6.2.2 DNA 凝胶电泳

本研究采用琼脂糖凝胶电泳法（方法同 5.2.3 节）检测 DNA 样品。

6.2.3 目的片段回收

参照上海生工柱式凝胶回收试剂盒的使用说明书从琼脂糖凝胶中回收 DNA 片段。具体步骤同 4.2.4 节。

6.2.4 目的片段与 T 载体连接

回收的目的片段与 pGEM T-Easy Vector 连接。连接体系同 4.2.5 节。

6.2.5 连接产物转化 DH5α 感受态细胞

克隆重组质粒转化 DH5α 感受态细胞步骤同 4.2.6 节。

6.2.6 质粒提取

上述菌液分别提取质粒，步骤参照加拿大 Bio Basic 小量质粒提取试剂盒的使用说明书提取质粒。具体步骤同 4.2.7 节。

6.2.7 阳性克隆鉴定及测序

阳性克隆鉴定步骤同 4.2.8 节。

6.2.8 反向 PCR 获取 USTB-05 未知序列

M 片段经过测序已经为已知序列，可以采用反向 PCR 的方法，由已知序列获取未知序列，其过程如图 6-2 所示。

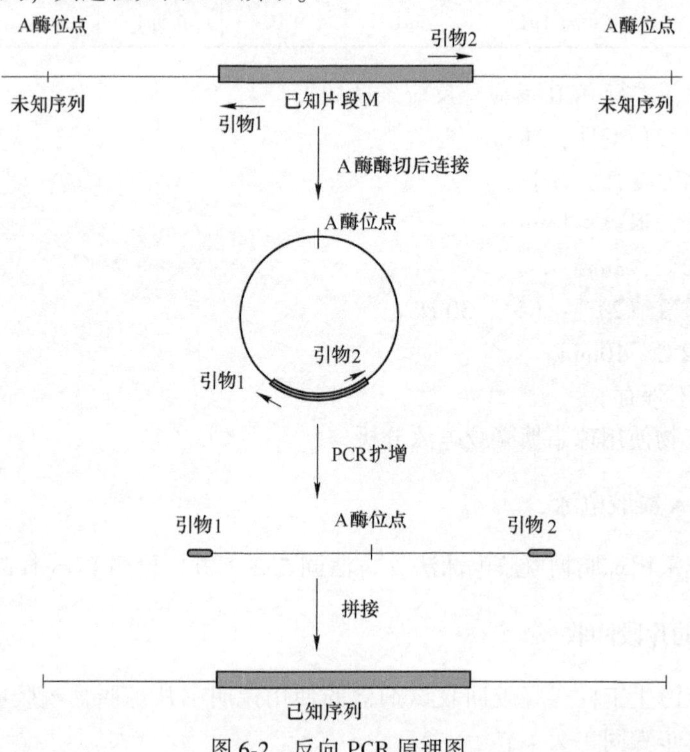

图 6-2 反向 PCR 原理图

6.2.8.1 反向 PCR 引物设计

根据 M 片段的测序结果，设计反向 PCR 引物，命名为：MA11、MA22，如图 6-3 所示。

MA11　5′-CATTATCTTGAACATCGGGTC-3′

MA22　5′-GTCCTGATTTGTGGAGGAG-3′

图 6-3 反向 PCR 引物设计

6.2.8.2 反向 PCR 模板制备

由反向 PCR 的原理，需要得到一个同时包含未知序列和已知序列的环状 DNA 片段作为反向 PCR 扩增的模板，本节选择 BamHⅠ和 HindⅢ这两个限制性内切酶进行探索性实验。

参考 4.2.1 节中方法提取 USTB-05 基因组。基因组 DNA 酶切，分别用限制性内切酶 BmHⅠ和 HindⅢ对浓缩的基因组 DNA 进行消化，反应体系见表 6-3（反应条件：37℃水浴，5h）。

表 6-3 BamHⅠ/HindⅢ消化 USTB-05 基因组 DNA

基因组 DNA	10× 缓冲液	ddH_2O	BamHⅠ/HindⅢ	总体系
30μL	10μL	58μL	2μL	100μL

（1）酶失活。65℃水浴，失活 15 min。

（2）T4 DNA ligase 连接。用 T4 DNA ligase 连接酶切后的黏性末端，使产生包含未知序列和部分已知序列的环状 DNA，反应体系见表 6-4（反应条件：4℃，过夜）。

表 6-4 T4 DNA 连接酶切产物

酶切产物	10×缓冲液	T4 DNA 连接酶	总体系
8μL	1μL	1μL	10μL

将经过以上得到的两种产物各 10μL 作为反向 PCR 的模板。

6.2.8.3 反向 PCR 扩增

将以上得到的两种产物作为模板分别建立 PCR 反应体系，见表 6-5。

表 6-5 反向 PCR 反应体系

模板	上游引物	下游引物	10× 缓冲液	DNTP	Taq 酶	ddH_2O	总体系
1μL	1μL	1μL	5μL	1μL	0.5μL	39.5μL	50μL

PCR 反应条件为:

(1) 94℃预变性,5min。

(2) 94℃变性,1min。

(3) 50℃退火,1min。

(4) 72℃,5min。

(5) 重复(2)~(4),30 次。

(6) 72℃,10min。

(7) 4℃保存。

PCR 产物与上样缓冲液混匀后上样 1%琼脂糖凝胶中,100V,45min 后,在凝胶成像系统中检测目的条带,方法参考 4.2.3 节。

反向 PCR 目的片段的纯化、连接、转化、阳性克隆的鉴定以及测序的方法同 4.2.3~4.2.8 节。

6.2.8.4 基因序列的拼接与分析

测序结果用 Vector NTI 10 软件进行拼接并去除载体,分析并与 ACM-3962 降解 MCs 基因序列进行比对,读取对应的开放阅读框(ORF)。

6.2.9 高保真 PCR 获取 USTB-05 菌完整降解基因

根据以上反向 PCR 得到的结果,结合鞘氨醇单胞菌 ACM-3962 的 4 个降解 MC-RR 的基因(*mlrA*、*mlrB*、*mlrC* 和 *mlrD*),设计 5 对引物,以 USTB-05 的基因组 DNA 为模板,用高保真 PCR 聚合酶(pfu)进行 PCR 反应,将得到 5 段长度为 1.3kb 左右的序列,将该 5 段序列拼接,读取开放阅读框(ORF),得到若干个完整的基因,如图 6-4 所示。

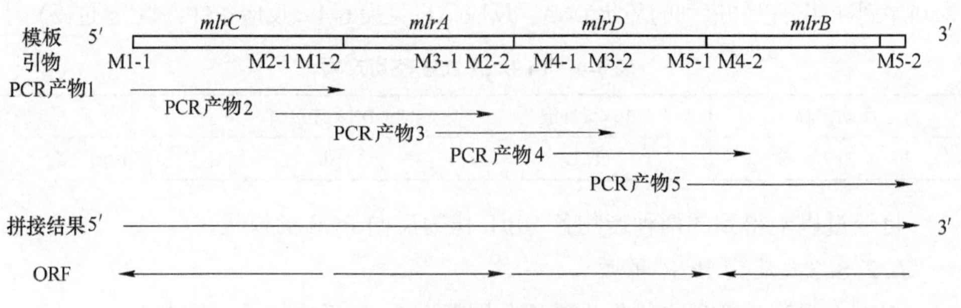

图 6-4 高保真 PCR 获取 USTB-05 降解 MCs 基因原理

6.2.9.1 高保真酶(pfu)PCR 扩增引物设计

根据反向 PCR 得到的结果,结合鞘氨醇单胞菌 ACM-3962 的相关序列,根据图 6-4 的原理,设计如下 5 对引物:

M1-1　5′-GACAG GCTCG AATGG CCACA-3′
M1-2　5′-AACCT GTGCC TTCGC CATGC-3′
M2-1　5′-GACAA GTGAG CGTGA AGATC-3′
M2-1　5′-GAAGA CAGCG ATGAT GGTGC-3′
M3-1　5′-TGATC CTCGG CCTCA TGTGG-3′
M3-2　5′-ATGAT GCAGC TACCA ATGGC-3′
M4-1　5′-CAATT GTCAT TGGCA ATGGC-3′
M4-2　5′-GTCAG CTACA ATATG AGAGC-3′
M5-1　5′-TGAAC GACAC GCTCG ATTCC-3′
M5-2　5′-CCATG TCGAT CCGAA GGAGC-3′

6.2.9.2 高保真 PCR 扩增与测序

以 USTB-05 的基因组 DNA 为模板，用高保真 PCR 聚合酶（pfu）进行 PCR 反应，使用设计的 5 对引物分别进行 PCR 反应，PCR 反应体系见表 6-6。

表 6-6 高保真 PCR 反应体系

模板	上游引物	下游引物	10× 缓冲液	DNTP	pfu 酶	ddH_2O	总体系
1μL	1μL	1μL	5μL	1μL	0.5μL	39.5μL	50μL

PCR 反应条件为：

（1）94℃预变性，5min。

（2）94℃变性，1min。

（3）50℃退火，1min。

（4）72℃，5min。

（5）重复（2）~（4），30 次。

（6）72℃，10min。

（7）4℃保存。

参考 4.2.3~4.2.4 节中方法从高保真 PCR 反应液中回收 PCR 产物。因为 pfu 聚合酶合成的 PCR 产物末端没有 A 碱基，不能和 T Easy 载体连接，因此对回收液进行末端加 A 反应，反应体系见表 6-7（反应条件：72℃，25min）。

表 6-7 PCR 末端加 A 反应

目的片段	10× 缓冲液	DNIP	Taq 酶	ddH_2O	总体系
40μL	5μL	1μL	0.5μL	3.5μL	50μL

将反应液电泳（100V，45min），从凝胶中回收 PCR 片段，得二次回收液；二次回收液片段的连接、转化、阳性克隆的鉴定以及测序的方法同 4.2.3~4.2.8 节。

6.2.9.3 USTB-05 降解 MCs 基因开放阅读框（ORF）的读取

用 Vector NTI Advance 10 软件，对上述的 5 个测序结果进行拼接，使其拼接成一条完整的已知序列，将此序列与 ACM-3962 的完整降解序列进行比对，并分析 USTB-05 序列中的开放阅读框（ORF），将得到若干个 USTB-05 完整的降解 MC-RR 的基因，并分别命名为 *USTB-05-A*、*USTB-05-B*、*USTB-05-C*、*USTB-05-D* 等。

6.2.10　设计基因 *USTB-05-A* 克隆引物

表达载体选用 pGEX-4T-1，具有 Amp 抗性，宿主菌选取 *E. coli* BL21（DE3）。该载体表达的蛋白质带有谷胱甘肽芳基转移酶（glutathione S-transferase，GST）标签，表达使用 IPTG 诱导。其质粒图谱如图 6-5 所示。

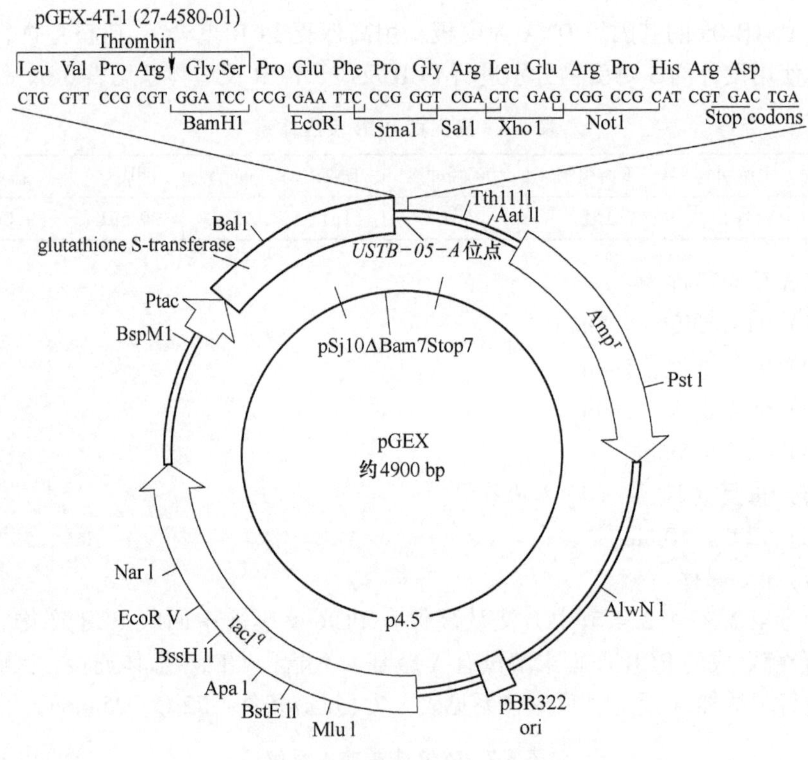

图 6-5　pGEX-4T-1 质粒图谱

根据已经获得基因 *USTB-05-A* 的完整序列，设计特异性引物 A1（上游）、A2（下游），以 USTB-05 基因组 DNA 为模板，A1、A2 为上下游引物，扩增 *USTB-05-A* 基因。

引物 A1 和 A2 序列如下所示，引物 A1 的 5′端加入 BamH Ⅰ 酶切位点，引物 A2 的 5′端加入 Xho Ⅰ 酶切位点。

A1 5′-GGATC CATGC GGGAG TTTGT CAAAC-3′

A2 5′-CTCGA GCGCG TTCGC GCCGG ACTTG-3′

基因 *USTB-05-A* 克隆和表达的基本思路是通过 PCR 扩增得到 *USTB-05-A* 基因片段，先连接 pGEM-T Easy 载体，转化 *E. coli* DH5α 测序后提取目的基因双酶切验证，再与表达载体 pGEX-4T-1 连接转化 *E. coli* BL21（DE3），其基本思路如图 6-6 所示。

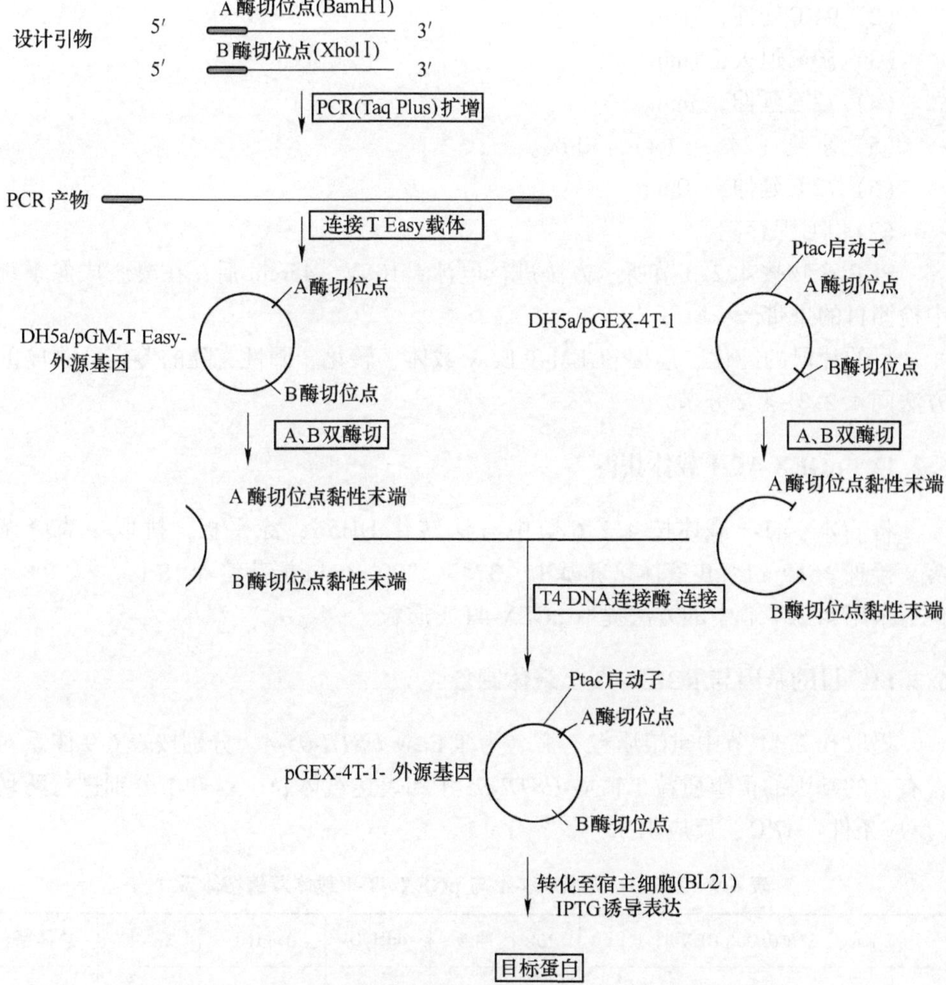

图 6-6 *USTB-05-A* 基因克隆和表达技术路线

6.2.11 PCR 扩增、连接 T 载体、转化及鉴定

PCR 反应体系见表 6-8。

表 6-8 基因 ***USTB-05-A*** 扩增反应体系

模板	上游引物	下游引物	10×缓冲液	DNTP	Taq plus 酶	ddH_2O	总体系
5μL	1μL	1μL	10μL	2μL	1μL	80μL	100μL

混匀后，进行 PCR 反应，反应条件为：

（1）94℃预变性，10min。

（2）94℃变性，1min。

（3）50℃退火，1min。

（4）72℃延伸，3min。

（5）重复（2）~（4），30 次。

（6）72℃延伸，10min。

（7）4℃保存。

PCR 产物按 4. 2. 3 节所示方法进行电泳，100V，45min 后，在凝胶成像系统中检测目的条带。

目的片段的纯化、连接 pGEM-T Easy 载体、转化、阳性克隆的鉴定、测序的方法同 4. 2. 3~4. 2. 8 节。

6. 2. 12　pGEX-4T-1 载体获得

将 pGEX-4T-1 载体按 4. 2. 6 节中方法转化 DH5α，涂平板，挑取单克隆菌落，接种于 10 mL LB 液体培养基中，37℃、200 r/min 振荡培养 18 h。

采用 4. 2. 7 节中的方法提取 pGEX-4T-1 质粒。

6. 2. 13　目的基因与 pGEX-4T-1 载体制备

提取 6. 2. 11 节中重组质粒，命名为 T Easy-*USTB-05-A*。分别按表 6-9 体系对含有目的基因的重组质粒 T Easy-*USTB-05-A* 和表达载体 pGEX-4T-1 分别进行酶切（反应条件：37℃，反应 1h）。

表 6-9 **T Easy-*USTB-05-A* 与 pGEX-4T-1** 载体双酶切体系

T Easy-*USTB-05-A*/pGEX-4T-1	10× 缓冲液	ddH_2O	BamH Ⅰ	Xho Ⅰ	总体系
20μL	3μL	3μL	2μL	2μL	30μL

分别取 20μL 酶切产物，与上样缓冲液混匀后上样于 1%琼脂糖凝胶中，同时在相邻的泳道中加入 DNA 片段（500~12000bp），100 V、45 min 后，在凝胶成像系统中观察对应的条带。参照 4. 2. 4 节方法回收 *USTB-05-A* 基因和 pGEX-4T-1 表达载体。

6.2.14 重组质粒 pGEX-*USTB-05-A*/BL21（DE3）构建

连接 6.2.13 节中双酶切产物，连接体系见表 6-10（反应条件：4℃，连接 12h）。

表 6-10 *USTB-05-A* 与表达载体连接体系

USTB-05-A	10×缓冲液	表达载体	T4 DNA 连接酶	ddH_2O	总体系
3μL	1μL	3μL	1μL	2μL	10μL

参照 4.2.6 节中方法将重组质粒转化 *E. coli* DH5α，筛选使用 Amp 抗性筛选（100mg/mL）。挑取平板上白色菌落，接种于 10mL LB 液体培养基中，37℃，200r/min 振荡培养 18h。

6.2.15 阳性克隆鉴定及测序

阳性克隆的两端分别有一个 BamH Ⅰ 和 Xho Ⅰ 酶切位点，因此可以用限制性内切酶 BamH Ⅰ 和 Xho Ⅰ 酶消化提取的质粒，阳性克隆的质粒将至少被切成两个片段，由此可以初步鉴定出阳性克隆。

（1）将上述培养的菌液按 4.2.7 节中方法分别取 3mL 提取质粒。

（2）用限制性内切酶 BamH Ⅰ 和 Xho Ⅰ 酶切提取的质粒（反应条件：37℃，反应 1h），反应体系见表 6-11。

（3）取 5μL 酶切产物，与上样缓冲液混匀后上样于 1%琼脂糖凝胶中，同时在相邻的泳道中加入 DNA 片段 DL2000，100V、45min 后，在凝胶成像系统中观察对应的条带。

（4）将阳性克隆菌液培养并按 4.2.7 节中方法提取质粒，参照 4.2.6 节中方法将重组质粒转化 *E. coli* BL21（DE3），重复（1）~（4）过程，阳性克隆测序无误，将阳性克隆命名为 pGEX-*USTB-05-A*/BL21（DE3）。菌液加入 8%甘油并在 -70℃下冻存。

表 6-11 BamH Ⅰ 和 Xho Ⅰ 酶切 *USTB-05-A* 重组质粒

质粒	10× 缓冲液	ddH_2O	BamH Ⅰ	Xho Ⅰ	总体系
10μL	2μL	6μL	1μL	1μL	20μL

6.3 降解 MC-RR 基因初步探索

以 USTB-05 基因组 DNA 为模板，M1、M2 为上下游引物，成功地扩增出一条长度为 800 bp 左右的 DNA 片段（见图 6-7），第 1 道为 DNA 片段 DL2000，第 2 道为扩增的 M 片段。将 M 片段回收、转化、测序、测序结果分析并去除载体序列影响，得到一个 809bp 的序列。

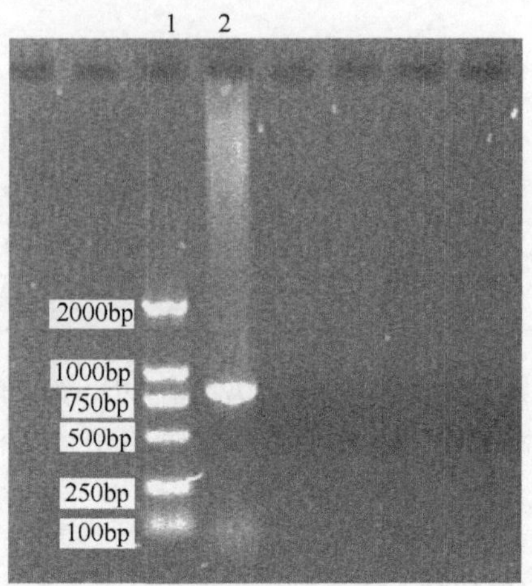

图 6-7　M 片段扩增电泳图

图 6-8 所示为用限制性内切酶 Ecor Ⅰ 切 M 片段质粒的产物电泳图。其中第 1、第 2 泳道分别为 DNA 片段 3 和 DL2000，第 5 道为提取的转化质粒 M 片段，第 6 道为酶切产物。M 片段被切成两个条带，一条为目的基因（900bp），另一条为载体条带（3kb），条带清晰，亮度较高，克隆成功。

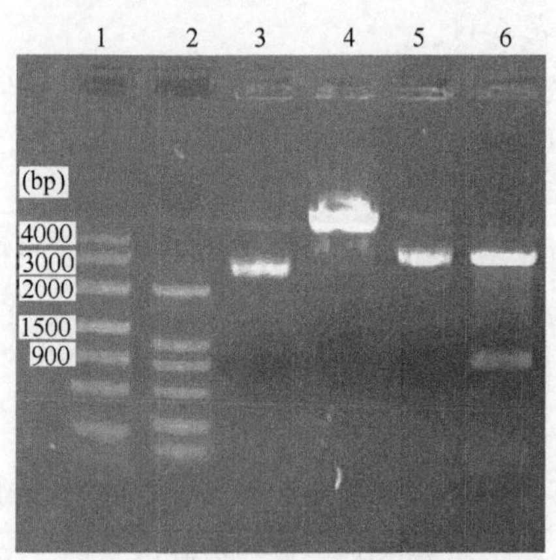

图 6-8　M 片段酶切产物电泳图

将 M 片段序列与 ACM-3962 菌株的 *mlrA* 基因的序列比对，发现 M 片段与 *mlrA* 基因的相似程度达 93%，初步证实 USTB-05 降解 MC-RR 的基因可能与 ACM-3962 降解 MC-LR 的基因有很高的相似性，进一步推测 USTB-05 很可能也含有 *mlrA*、*mlrB*、*mlrC* 和 *mlrD* 这四个降解基因。M 片段的成功扩增，为下一步的探索性研究奠定了基础。

6.4 反向 PCR 扩增未知序列

6.4.1 反向 PCR 扩增结果

分别用 HindⅢ和 BmHⅠ酶切 USTB-05 基因组 DNA 片段，再连接黏性末端，将得到的环状 DNA 作为 PCR 模板，以 MA11、MA22 为上下游引物 PCR 扩增。以 HindⅢ酶切基因组 DNA（第 4、第 5 道）后连接得到的模板扩增出一个 4kb 左右片段，电泳条带清晰，而以 BamHⅠ酶切基因组 DNA（第 2、第 3 道）得到的模板扩增没有条带（见图 6-9）。这可能是因为 M 片段附近没有 BamHⅠ的酶切位点，但仅有两个 HindⅢ的位点，两个位点相距 5kb 左右。

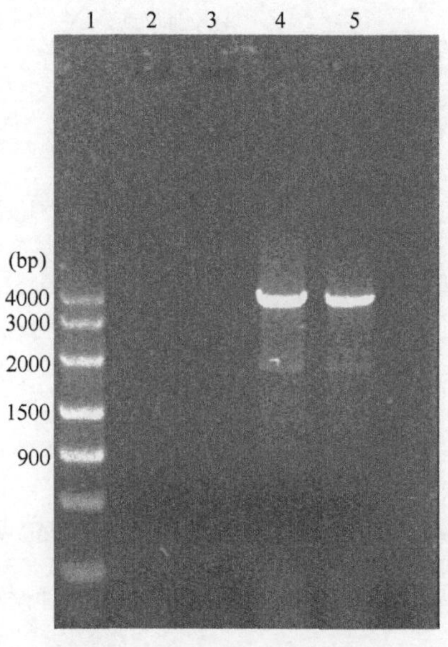

图 6-9 反向 PCR 产物电泳图

6.4.2 序列分析拼接

结合反向 PCR 产物测序结果和 M 片段的序列，使用 DNAstar 软件分析并拼接序列。图 6-10 显示了反向 PCR 序列的拼接复原过程。

通过于 ACM-3962 的四个降解基因 *mlrA*、*mlrB*、*mlrC* 和 *mlrD* 比对发现，该段 5kb 序列包含的四段序列与 ACM-3962 的四个降解基因均有很高的同源性（见图 6-11），只是与 *mlrC* 有相似性的基因尚不完整，另外三段基因均完整，但其 ORF 阅读框不能正确读出。这可能是因为扩增所使用的 Taq 聚合酶有 1%左右的出错率，需要使用高保真 PCR（pfu）进一步扩增 USTB-05 降解 MC-RR 的四段完

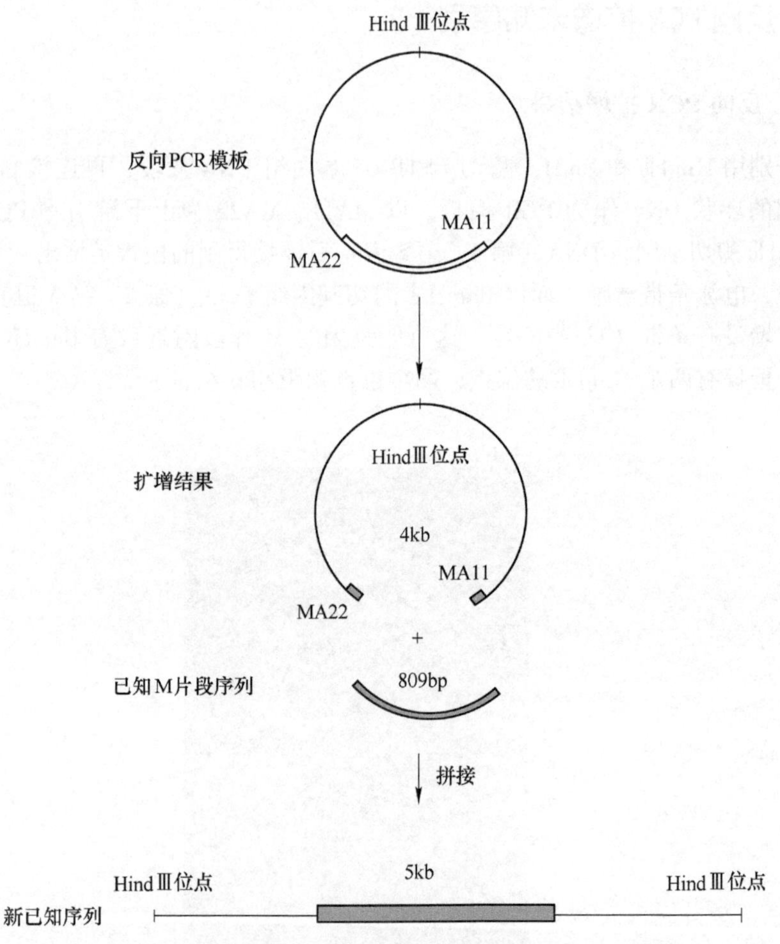

图 6-10　反向 PCR 片段拼接复原过程

整、准确的基因。将 USTB-05 降解 MC-RR 的四个基因分别命名为：*USTB-05-A*、*USTB-05-B*、*USTB-05-C* 和 *USTB-05-D*。

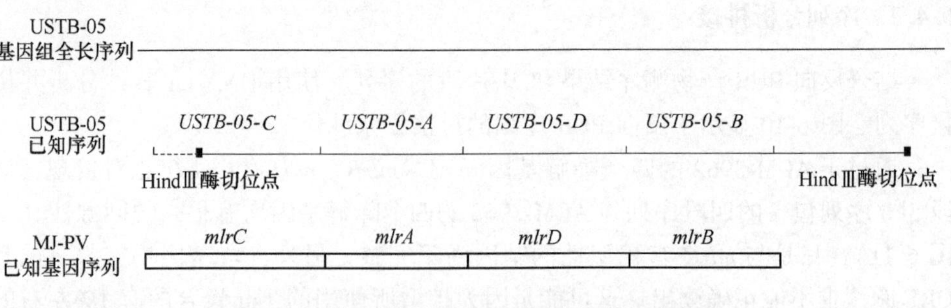

图 6-11　已知序列与 ACM-3962 降解基因的比对

6.5 高保真 PCR 获取 USTB-05 菌降解 MC-RR 完整基因

6.5.1 高保真 PCR

由反向 PCR 的结果得知 USTB-05 也含有四个降解 MC-RR 的基因：*USTB-05-A*、*USTB-05-B*、*USTB-05-C* 和 *USTB-05-D*。为了避免 Taq 聚合酶合成时出错率较高的问题，使用高保真聚合酶（pfu）扩增 USTB-05 的全部降解基因。但 pfu 酶合成效率较低，一般只能合成 2 kb 以内的片段，本书设计 5 对引物扩增此四段基因。

以 USTB-05 基因组 DNA 为模板，使用 5 对引物成功地扩增出 5 个片段，如图 6-12 所示（电泳 Marker 为 DL2000）。

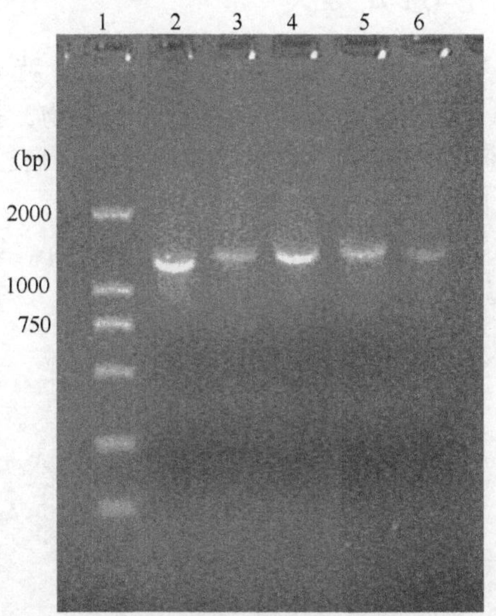

图 6-12 高保真 PCR 电泳图

将该 5 个片段回收，分别连接到 T 载体上，转化至 DH5α 感受态细胞，涂布在含有 Amp 的 LB 平板上，37℃培养 16h 左右后挑选白斑菌落，提取质粒酶切验证阳性克隆后，用通用引物 T7-SP6 测序。

6.5.2 序列拼接

将测序结果拼接，得到一条长度为 5505b 的全长序列，该段序列包含全部降解 MC-RR 的基因。

6.5.3 获取开放阅读框（ORF）

结合 ACM-3962 降解 MC-RR 的基因序列，使用 Vector NTI 10 软件读取拼接得到的全长序列中的开放阅读框。得到 4 个完整的基因：*USTB-05-A*、*USTB-05-*

B、*USTB-05-C* 和 *USTB-05-D*。USTB-05 降解 MCs 基因的详细信息见表 6-12。

表 6-12　USTB-05 降解 MCs 基因序列信息

基因名称	*USTB-05-A*	*USTB-05-B*	*USTB-05-C*	*USTB-05-D*
基因长度	1008bp	1209bp	1521bp	1269bp
编码方向	正向	反向	反向	正向

USTB-05 的 4 个降解基因的编码方向和 ACM-3962 的 4 个降解基因在基因组 DNA 中的位置和编码方向均相同。*mlrA* 基因与 *USTB-05-A* 基因的长度同为 1008bp，*mlrC* 基因与 *USTB-05-C* 基因的长度同为 1521bp，*USTB-05-B* 基因和 *USTB-05-D* 基因分别比 *mlrB* 基因和 *mlrD* 基因多 3 个碱基。

6.6　PCR 扩增 *USTB-05-A* 基因

根据已经获得基因 *USTB-05-A* 的完整序列，设计特异性引物 A1、A2。以 USTB-05 基因组 DNA 为模板，A1、A2 为上下游引物，扩增 *USTB-05-A* 基因。PCR 产物 DNA 琼脂糖凝胶电泳图，如图 6-13 所示。由表 6-12 可知，*USTB-05-A* 长度为 1008bp，图中第 1 道为 DNA 片段（500～12000），第 2、第 3 道扩增产物明显小于 1000bp，第 4、第 5 道扩增产物大约为 1000bp，第 6 道无产物，故选取第 4、第 5 道进行后续实验。

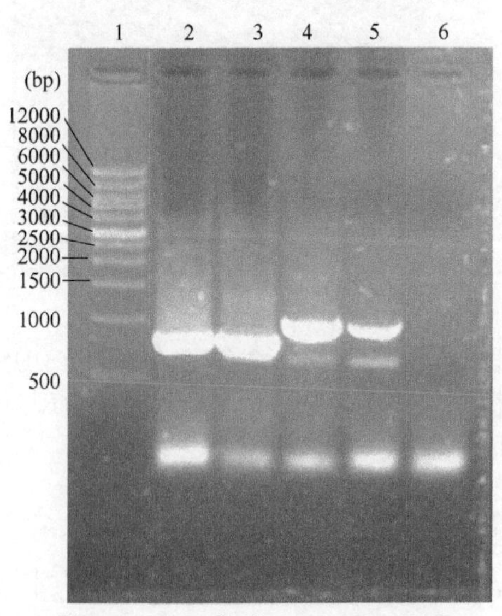

图 6-13　PCR 扩增 *USTB-05-A* 基因

6.7　克隆重组质粒转化大肠杆菌的阳性鉴定

使用 EcoR Ⅰ限制酶酶切提取的质粒，含有 T Easy-*USTB-05-A* 重组质粒的阳性克隆的质粒将至少被切成两个片段，由此可以初步鉴定出阳性克隆（见图 6-14）。

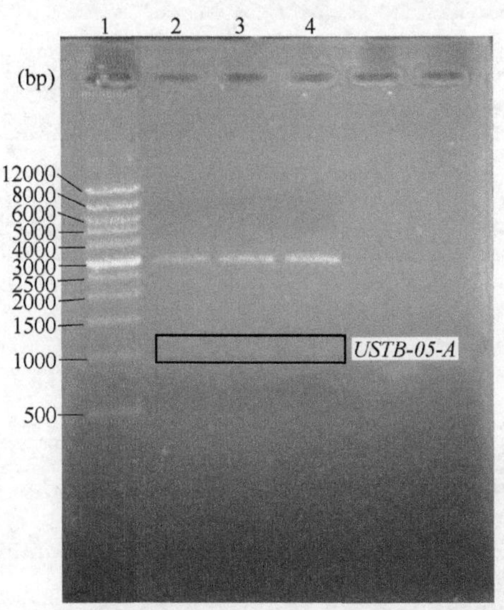

图 6-14 *USTB-05-A* 连接 T 载体产物的 EcoR Ⅰ 酶酶切

图 6-14 中第 2~第 4 道均出现 *USTB-05-A* 基因和 pGEM-T Easy 载体条带，长度分别为 1 kb 和 3 kb 左右，条带大小与已知资料符合。由此证明挑取的三个克隆均含有重组质粒 T Easy-*USTB-05-A*，*USTB-05-A* 基因成功连接 T 载体。图中第 1 道为 DNA 片段（500~12000bp）。

6.8 T Easy/ *USTB-05-A* 测序结果

T Easy/*USTB-05-A*/DH5α 测序由三博远志生物公司完成，测序选用 T Easy 载体通用引物 T7 和 SP6，*USTB-05-A* 的测序结果与初始 PCR 扩增得到的基因序列进行比对，如图 6-15 所示。使用 Vector NTI Advanced 10.0 分析软件对所得序列与初始 PCR 扩增获得序列原 DNA 序列分析比对，确保序列在连接、转化等遗传过程中不发生突变或丢失。最后所获得长度为 1008bp 的序列与初始 PCR 获得的序列比对结果如图 6-15 所示。

采用 Vector NTI Advanced 10.0 分析软件将获得基因 *USTB-05-A* 的核苷酸全序列与 *mlrA* 的核苷酸全序列进行比对，结果发现，基因 *USTB-05-A*（片段长度为 1008bp）与基因 *mlrA* 的全序列一致性位点所占的比例达到 92.5%（见图 6-16）。结合前期研究，二者所属的菌株都均有降解 MC-RR 的能力，并且其同属于鞘氨醇单胞菌属。由此可以推测，基因 *USTB-05-A* 与基因 *mlrA* 同源性高，二者具有相同的降解 MC-RR 的功能。

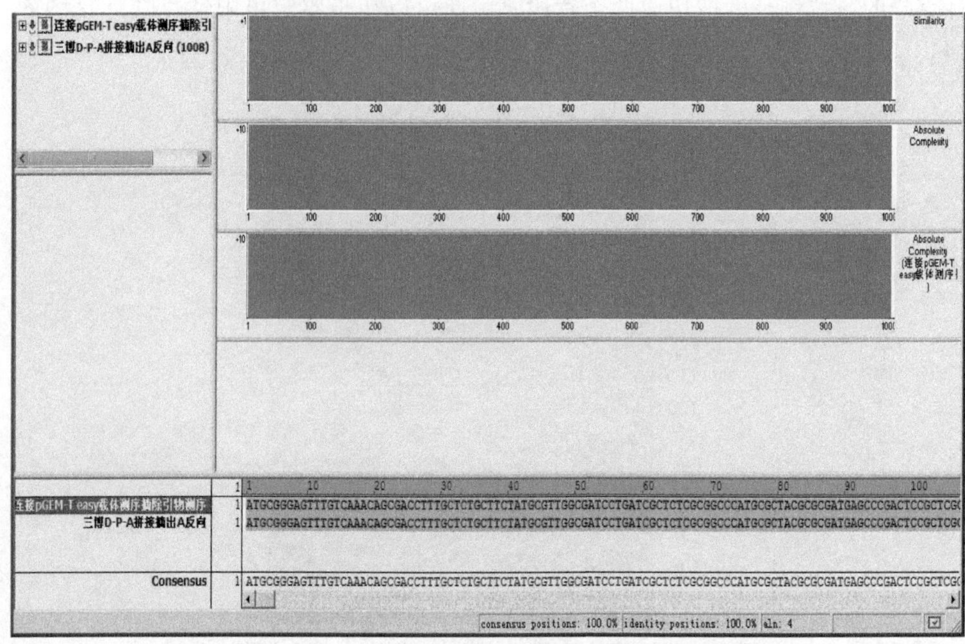

图 6-15　*USTB-05-A* 与初始 PCR 扩增得到的基因片段序列比对

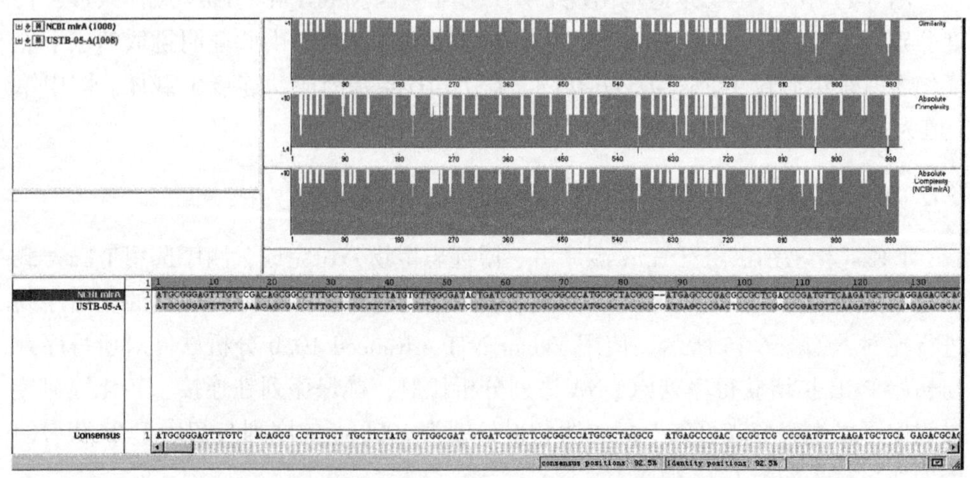

图 6-16　*USTB-05-A* 与 *mlrA* 序列比对

采用 Vector NTI Advanced 10.0 分析软件分别对基因 *USTB-05-A* 与基因 *mlrA* 所编码的蛋白酶进行模拟翻译，并且对二者所翻译的蛋白进行氨基酸全序列比对。结果发现，二者所翻译的蛋白均含有 336 个氨基酸，并且二者所翻译的蛋白相同的氨基酸序列所占比例达到 83%。并且在第 26 和第 27 位处也分别存在着一个丙氨酸和一个亮氨酸（箭头所指）（见图 6-17）。根据文献报道[137]，这两个氨基酸是具有打开 MC-RR 结构中 Adda 与精氨酸之间肽链功能的活性区域。

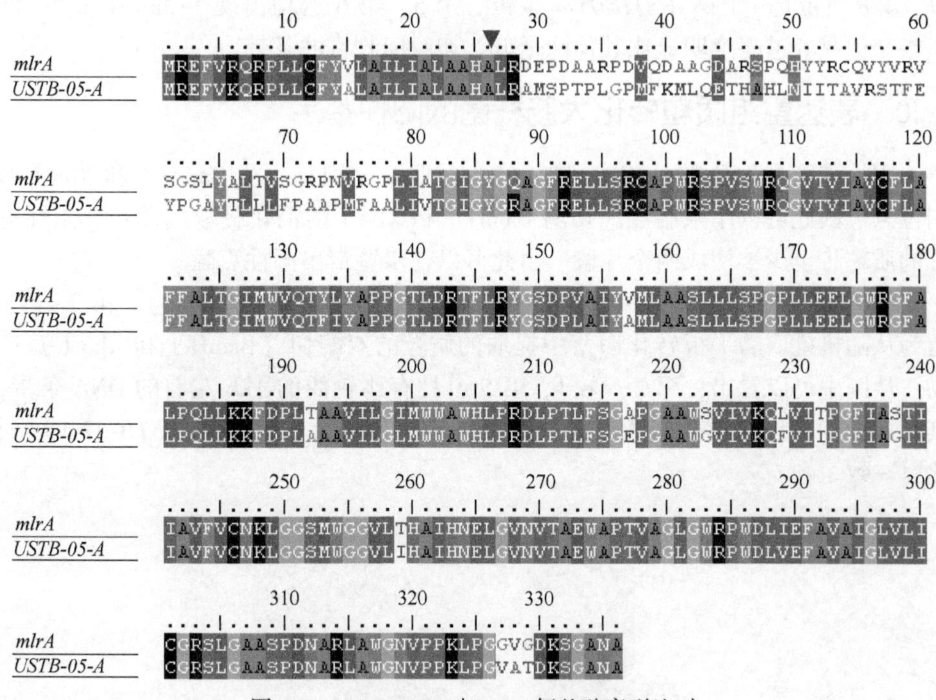

图 6-17 *USTB*-05-*A* 与 *mlrA* 氨基酸序列比对

6.9 *USTB-05-A* 基因与 pGEX-4T-1 载体双酶切

T Easy-*USTB-05-A* 重组质粒与 pGEX-4T-1 表达载体使用 BamH Ⅰ 和 XHo Ⅰ 限制酶双酶切。图 6-18 所示为酶切后电泳图像。图中第 1 道为 DNA 片段（500～12000 bp），第 2 道为 pGEX-4T-1 表达载体双酶切泳道，第 3～第 6 道为 T Easy-*USTB-05-A* 重组质粒双酶切泳道。第 2 道得到了一条 5kb 条带，为表达载体 pGEX-4T-1 的条带。第 3、第 4 道出现了 pGEM-T easy 载体的 3kb 条带和 *USTB-05-A* 基因

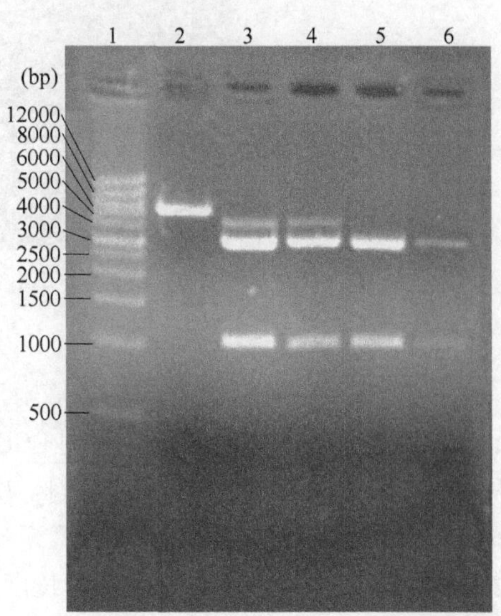

图 6-18 T Easy-*USTB-05-A* 与 pGEX-4T-1 双酶切电泳图

的 1kb 条带，同时还分别具有一条 4kb 的条带，分析得出是重组质粒酶切不完全，4kb 条带是 T Easy-*USTB-05-A* 条带。第 5、第 6 道均出现了 3kb 条带和 1kb 条带，但是 6 道亮度明显比其他泳道低，切胶回收目的条带。

6.10　表达重组质粒转化大肠杆菌的阳性鉴定

阳性克隆提取质粒 pGEX-*USTB-05-A* 的两端分别有一个 BamH Ⅰ 和 Xho Ⅰ 酶切位点。因此可以用限制性内切酶 BamH Ⅰ 和 Xho Ⅰ 酶消化提取的质粒，阳性克隆的质粒将至少被切成两个片段，由此可以初步鉴定出阳性克隆。

图 6-19 中第 1 道和第 7 道为同一种 DNA 片段（500～12000kb），第 2～第 6 道为从随机挑取的平板转化菌落中提取的质粒的双酶切（BamH Ⅰ 和 Xho Ⅰ）产物。从图中可以看出，第 2、第 4、第 5 道具有比较浅的 1kb 左右的 DNA 条带，其对应的菌株已经成功转入重组质粒，测序并与初始 PCR 扩增 *USTB-05-A* 序列比对一致。

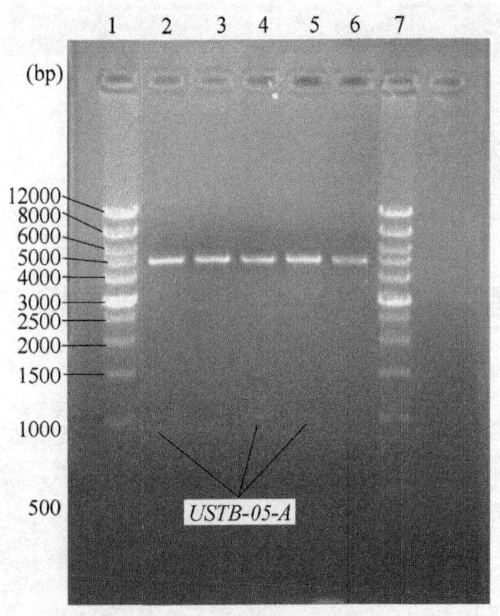

图 6-19　*USTB-05-A* 连接 pGEX-4T-1 载体产物的双酶切

6.11　本章小结

（1）本章通过常规 PCR 扩增、反向 PCR 扩增、高保真 PCR 扩增等一系列方法获得了 USTB-05 降解 MCs 的四段基因：*USTB-05-A*、*USTB-05-B*、*USTB-05-C*、*USTB-05-D*。

（2）成功从 USTB-05 中克隆出一段长度为 1008bp 的基因片段，序列提交到 GeneBank，其登录号：HM245411。通过与 *mlrA* 基因相比，二者的一致性位点的比例达到92.5%。

（3）采用 Vector NTI Advanced 10.0 分析软件分别对基因 *USTB-05-A* 与 *mlrA* 模拟翻译的蛋白进行氨基酸序列比对，发现相同的氨基酸序列所占比例达到83%，其中在第26和第27个氨基酸区域存在着打开 MC-RR 环状链的活性区域。

（4）通过构建重组质粒 pGEX-4T-1/*USTB-05-A*，在 *E. coli* BL21（DE3）中成功转入重组质粒，最终获得含有重组质粒的基因工程菌，为蛋白酶表达奠定基础。

7 基因 *USTB-05-A* 的表达

基因编码的蛋白酶是催化降解具体执行者。根据图 6-17 中基因 *USTB-05-A* 模拟编码的蛋白氨基酸序列与 *mlrA* 的氨基酸序列具有相同的催化降解 MC-RR 氨基酸活性区域。成功表达出正确的基因 *USTB-05-A* 编码的活性蛋白酶是分析基因 *USTB-05-A* 参与催化降解 MC-RR 功能以及分析测定第一个降解产物分子特性的关键，也为后面三段基因的克隆和表达奠定重要的基础。

7.1 实验材料

7.1.1 菌种及主要药剂

菌种及主要药剂包括：

（1）基因工程菌菌株。pGEX-4T-1/*USTB-05-A*/BL21(DE3) 由实验室保存。

（2）异丙基-β-D-硫代吡喃半乳糖苷（IPTG，Sigma 公司，纯度≥99%），其余实验中使用但未列出药剂均为分析纯。

（3）BugBuster® GST · Bind™蛋白纯化试剂盒（德国 Merck 公司，含 2×100mL BugBuster®蛋白抽提试剂；10000U Benzonase®核酸酶，纯度大于 90%；10mL GST · Bind 树脂，以 20mL 50%（体积分数）悬浊液形式提供；GST · Bind 缓冲液试剂盒）。

7.1.2 主要溶液

实验中所用到但未列出的分子生物学溶液及贮存液均参照《分子克隆实验指南（第三版)》的方法配制。

7.1.3 主要仪器

主要仪器见表 7-1。

表 7-1 主要仪器

仪器	型 号	生产厂家
高效液相色谱系统（HPLC）	岛津 LC-10ATvp 型输液泵×2 双泵系统，岛津 SPD-M10Avp 型二极管阵列检测器，美国 Agilent C18 column (4.6mm×250mm，5μm) 色谱柱，P/N 7725i 型 20μL 手动进样器，Class-VP Ver 6.3 数据分析工作站	日本岛津公司生产

续表 7-1

仪器	型　号	生产厂家
超声波细胞粉碎仪	JY92-2D 型	宁波新芝生物科技股份有限公司产品
SDS-PAGE 聚丙烯酰胺蛋白电泳仪		
恒温振荡培养箱	BS-IEA 2001 型	常州国华电器有限公司产品
冷冻冰箱	BCD-281-E 型	依莱克斯公司产品
冷藏冰箱	SC-329GA	青岛海尔集团生产
电热手提式高压蒸汽灭菌消毒器		江苏滨江医疗设备厂
洁净工作台	SW-CJ-1FD 型	吴江市汇通空调净化设备厂生产
高速冷冻离心机	GL-20G-Ⅱ型	上海安亭科学仪器厂生产
高速台式离心机	1-14 型	Sigma 公司生产
超声波清洗器	KQ5200B 型	昆山市超声仪器有限公司产品
真空泵	DOA-P704 型	美国 GAST Manufacturing Inc. 制造
分光光度计	722S 可见光分光光度计	上海棱光技术有限公司产品
漩涡混合器	QL-901 型	其林贝尔仪器制造公司生产
pH 计	PHS-3C 型	上海康仪仪器有限公司产品
电子天平	ScoutTM Pro 型	奥豪斯国际贸易（上海）有限公司产品
-86℃低温冰箱	NU-6382E 型	NUAIR 公司产品
PCR 仪	5331 型	Eppendorf 公司产品
电泳仪	PYY-8C 型	北京六一仪器厂
凝胶成像系统	GIAS-4400 型	北京炳洋科技公司产品

7.2　实验方法

7.2.1　SDS-PAGE 检测蛋白质表达

试剂准备包括：

（1）30%储备胶溶液。丙烯酰胺（Acr）29.0g，亚甲双丙烯酰胺（Bis）1.0g，混匀后加入 60mL ddH_2O。37℃加热溶解，定容至 100mL，0.45μL 滤膜过滤，棕色瓶中室温保存。

（2）10%过硫酸铵（AP）。1g AP 加 ddH_2O 至 10mL，4℃保存。

（3）10% SDS。电泳级 SDS 10.0g 加 ddH_2O 90mL，68℃加热溶解，浓盐酸调 pH 值至 7.2，定容至 100mL。

（4）1mol/L Tris-HCl（pH 值=6.8）。Tris 12.11g 加 50mL ddH_2O 溶解，浓盐酸调 pH 值至 6.8，定容至 100mL。

（5）1.5mol/L Tris-HCl（pH 值=8.8）。Tris 18.17g 加 50mL ddH_2O 溶解，浓盐酸调 pH 值至 8.8，定容至 100mL。

（6）电泳缓冲液。1.5g Tris、7.2g 甘氨酸、0.5g SDS 加 ddH_2O 溶解，定容至 500mL。

（7）考马斯亮蓝染色液。考马斯亮蓝 R-250 1.0g，甲醇 450mL，ddH_2O 450mL，冰醋酸 100mL。

（8）脱色液（1L）。甲醇 100mL，冰醋酸 100mL，ddH_2O 800mL。

（9）5×SDS 电泳上样缓冲液。1.5mol/L Tirs-HCl（PH 值 = 8.8）0.6mL，10% SDS 2mL，50%甘油 5mL，2-巯基乙醇 0.5mL，1%溴酚蓝 1mL，ddH_2O 0.9mL。

（10）蛋白质片段。

操作步骤为：

（1）按下列配方配制聚丙烯酰胺凝胶分离胶（12%）：ddH_2O 1.6mL，30%储备胶 2.0mL，1.5mol/L Tris-HCl（pH 值 = 8.8）1.3mL，10% SDS 0.05mL，10% AP 0.05mL，TEMED 2μL。将分离胶混匀后灌注到玻璃板之间，以水封顶，注意使液面水平。大约半小时后，分离胶聚合，倾去水层。

（2）按下列配方配制浓缩胶：ddH_2O 1.4mL，30%储备胶 0.33mL，1mol/L Tris-HCl（pH 值 = 6.8）0.25mL，10% SDS 0.02mL，10% AP 0.05mL，TEMED 2μL。吹打混匀，将浓缩胶加到分离胶上面，直至凝胶达到玻璃板顶端，立即将梳子插入玻璃板间，浓缩完全聚合需 15~30min。

（3）样品处理。将 20μL 样品加入 5μL 5×SDS 上样缓冲液，沸水浴 3~5min，12000r/min 离心 3~5min，取上清作 SDS-PAGE 分析，同时将 SDS 蛋白标准品

Marker 做平行处理。

（4）上样。取 20μL 样品加入样品池中，并加入 5μL 蛋白质 Marker 做对照。

（5）电泳。在电泳槽中加入电泳缓冲液，连接电源，负极在上，正极在下。电泳时，电压 100V，电泳至溴酚蓝行至电泳槽下端停止。

（6）染色。将胶从玻璃板中取出，考马斯亮蓝染色液染色，室温 30min。

（7）脱色。将胶从染色液中取出，放入脱色液中，多次脱色至蛋白带清晰。

（8）凝胶摄像和保存。在图像处理系统下将脱色好的凝胶摄像，凝胶可保存于双蒸水中或 7%乙酸溶液中。

7.2.2 *USTB-05-A* 基因工程菌总蛋白提取及浓度测定

（1）6.2.14 节中阳性克隆菌株按 1%比例接种到 LB 培养基（含 100μg/mL Amp）中，37℃、200r/min 下培养至 OD_{600nm} 达到 0.6 时，加入 IPTG 使其最终浓度为 1mmol/L，30℃、200r/min 继续培养 3h。

（2）12000r/min，5min 离心菌液，弃去上清，沉淀用 PBS 缓冲液洗涤三次，最后用 PBS 缓冲液重悬菌体。

（3）将装有菌液的离心管放置于冰上，超声破碎，超声条件为：超声 3s，停 3s，全程时间 3min，总共 3 次。分 3 次进行是防止超声破碎时产热使菌液温度过高而使蛋白质变性。

（4）将破碎后的细胞在 12000r/min 下离心 20min，离心保持 4℃。离心后上清即细胞提出物（cell extraction，CE），含有工程菌全部可溶性蛋白。蛋白酶浓度测定采用 Broadford 法。

7.2.3 影响诱导表达单因素条件试验

7.2.3.1 IPTG 浓度

取 6.2.14 中阳性克隆，按 1%的比例接种到 100mL LB 培养基（含 50μg/mL Amp）中，37℃、200r/min 下培养至 OD_{600nm} 达到 0.6 时，加入 IPTG，然后在 200r/min、30℃下继续培养 3h。以不含重组质粒的 DH5α 菌株作为阴性对照。表 7-2 列出了不同的 IPTG 浓度的诱导表达条件。

表 7-2 IPTG 浓度

编号	1	2	3	4	5
IPTG 浓度/mmol·L^{-1}	0	0.1	0.5	1	2

3h 后，分别取 1mL 菌液，12000r/min 离心 5min，弃去上清，菌体用磷酸盐缓冲液（pH 值=7.3）洗涤，用 20μL 磷酸盐缓冲液重悬菌体，加入 5μL 5 倍的上样缓冲液，沸水浴 3~5min，离心 2min，样品按 7.2.1 节中方法进行 SDS-

PAGE，上样时每孔加样 20μL。

7.2.3.2　温度

取 6.2.14 节中阳性克隆，按 1%的比例接种到 100mL LB 培养基（含 50μg/mL Amp）中，37℃、200r/min 下培养至 OD_{600nm} 达到 0.6 时，加入 IPTG，使 IPTG 最终浓度为 0.1mmol/L，然后在 200r/min 下继续培养 3h。以不含重组质粒的 DH5α 菌株作为阴性对照。表 7-3 列出了不同温度的诱导表达条件。

表 7-3　温度条件

编号	1	2	3	4
培养温度/℃	20	25	30	37

3h 后，分别取 1mL 菌液，12000r/min 离心 5min，弃去上清，菌体用磷酸盐缓冲液（pH 值=7.3）洗涤，用 20μL 磷酸盐缓冲液重悬菌体，加入 5μL 5 倍的上样缓冲液，沸水浴 3～5min，离心 2min，样品按 7.2.1 节中方法进行 SDS-PAGE，上样时每孔加样 20μL。

7.2.3.3　培养时间

取 6.2.14 节中阳性克隆，按 1%的比例接种到 100mL LB 培养基（含 50μg/mL Amp）中，37℃、200r/min 下培养至 OD_{600nm} 达到 0.6 时，加入 IPTG，使 IPTG 最终浓度为 0.1mmol/L，然后在 200r/min、30℃下继续培养，分别在加入 IPTG 后的 0h、1h、3h、6h 后取样，样品保存在 4℃冰箱中（见表 7-4）。以不含重组质粒的 BL21（DE3）菌株作为阴性对照。

表 7-4　诱导时间

编号	1	2	3	4
诱导时间/h	0	1	3	6

上述样品分别取 1mL 菌液，12000r/min 离心 5min，弃去上清，菌体用磷酸盐缓冲液（pH 值=7.3）洗涤，用 20μL 磷酸盐缓冲液重悬菌体，加入 5μL 5 倍的上样缓冲液，沸水浴 3～5min，离心 2min，样品按 7.2.1 节中方法进行 SDS-PAGE，上样时每孔加样 20μL。

7.2.4　最佳条件下的重组蛋白诱导表达

取 6.2.14 节中阳性克隆，按 1%的比例接种到 100mL LB 培养基（含 50μg/mL Amp）中，37℃、200r/min 下培养至 OD_{600nm} 达到 0.6 时，加入 IPTG，然后在 200r/min 下继续培养 3h。以不含重组质粒的 DH5α 菌株作为阴性对照。表 7-5 列出了不同的诱导表达条件。

表 7-5 诱导表达的条件控制

编 号	1
IPTG 浓度/mmol·L^{-1}	0.1
培养温度/℃	30
培养时间/h	3

3h 后，分别取 1mL 菌液，12000r/min 离心 5min，弃去上清，菌体用磷酸盐缓冲液（pH 值=7.3）洗涤，用 20μL 磷酸盐缓冲液重悬菌体，加入 5μL 5 倍的上样缓冲液，沸水浴 3～5min，离心 2min，样品按 7.2.1 节中方法进行 SDS-PAGE，上样时每孔加样 20μL。

7.2.5 重组蛋白酶包涵体鉴定

包涵体是指细菌表达的蛋白酶在细胞内凝集，形成无活性的固体颗粒。包涵体一般含有 50%以上的重组蛋白，无定形，呈非水溶性，只溶于变性剂如尿素、盐酸胍等。要得到有活性的目的蛋白，必须对重组表达蛋白是否形成包涵体进行鉴定。其方法如下：

（1）取 6.2.14 节中阳性克隆菌株按 1%比例接种到 LB 培养基（含 50μg/mL Amp）中，37℃、200r/min 下培养至 OD_{600nm} 达到 0.6 时，加入 IPTG 使其最终浓度为 0.1mmol/L，30℃、200r/min 继续培养 3h。

（2）12000r/min 离心菌液，弃去上清，沉淀用磷酸盐缓冲液洗涤几次，最后用磷酸盐缓冲液重悬菌体。

（3）将装有菌液的离心管放置于冰上，超声破碎，破碎条件：工作时间 8s，间隔时间 4s，全程时间 36min（分为 6 个周期进行，每周期 6min），输出功率 400W。分 6 次进行是防止超声破碎时产热使菌液温度过高而使蛋白质变性。

（4）将破碎后的细胞在 12000r/min 下离心 20min，离心保持 4℃。离心后将上清和沉淀分别放入不同的离心管中。

（5）按 7.2.1 节所述步骤进行 SDS-PAGE，样品分别为破碎前的基因重组菌、破碎后上清液、破碎后沉淀，对照为不含重组质粒的 BL21（DE3）菌株。

7.2.6 重组蛋白酶的分离纯化

取 7.2.2 节中获得的总重组蛋白酶（CE），按照 BugBuster® GST·Bind™ 蛋白纯化试剂盒说明书操作说明进行。

（1）1.5mL 离心管可以装 50～200μL 树脂，更大体积的纯化可以选用 15mL 或 50mL 无菌离心管。每次操作包括淋洗，加缓冲液，翻转数次混匀以及 400～1000g 离心 1～5min。

（2）轻柔、充分摇匀树脂悬浊液。用宽嘴吸头吸取所需体积的树脂浆（其中树脂为50%）。

（3）采用上述要求的离心获得树脂沉淀。小心取走上清并丢弃。加5倍体积1×GST Bind/Wash Buffer，翻转混匀并如前述离心。

（4）丢弃上清，加入1倍体积1×GST Bind/Wash Buffer翻转混匀，重悬树脂（现在50%体积为树脂）。

（5）加入蛋白样本，室温下轻柔搅拌孵育30min。

（6）如前述离心，将含未结合蛋白的上清移入另一离心管，冰上保存。用10倍体积1×GST Bind/Wash Buffer重悬树脂，离心，移走上清。将淋洗所得上清置于冰上，总共进行两次淋洗操作。

（7）洗脱结合于树脂上的蛋白时，加入1倍体积1×GST Elution Buffer，室温轻柔搅拌10min。离心后将含有目的蛋白的上清移入另一个离心管。再重复两次洗脱操作，可以将所有上清合并。

（8）分析洗脱组分和步骤（5）所获得的组分中出现的目的蛋白。如果目的蛋白所带的是无功能的GST则无法与树脂结合并纯化。

7.2.7 表达蛋白酶的活性验证

USTB-05-A 基因工程菌CE与MC-RR提取液混合，初步研究工程菌对MC-RR降解的生物学活性。以不加CE作为对照，其CE制备参考7.2.2节中方法。反应体系见表7-6。

表7-6 CE降解MC-RR反应体系

组 号	1	3
MC-RR提取液	0.8mL	0.8mL
CE	0.6mL工程菌CE	0
PBS	0.6mL	1.2mL
总计	2.0mL	2.0mL

反应在30℃、200r/min条件下进行。分别在0min、10min、30min、1h、2h、4h、8h、24h取样。每次取样200μL，取样时加入2μL饱和浓盐酸以终止反应。取样后样品在-20℃冰箱中保存，然后使用HPLC测定。HPLC测定条件见4.3节中所述。

7.2.8 基因工程菌与USTB-05菌体降解MC-RR活性对比

（1）USTB-05菌培养基及培养条件同4.1.3节。

（2）基因工程菌培养基同4.1.2节第（2）条，按照7.2.4节培养获得菌体。

（3）实验方法按照 6.2.4 节进行。设置不加任何菌体的含 MC-RR 为对照组。反应体系中 MC-RR 初始浓度保持 30mg/L；菌体初始 OD_{680nm} 为 1.0。

7.3 影响表达量的单因素影响结果

图 7-1~图 7-3 所示分别是对 IPTG 浓度、温度、诱导时间单因素对重组蛋白表达量影响的 SDS-PAGE 图。

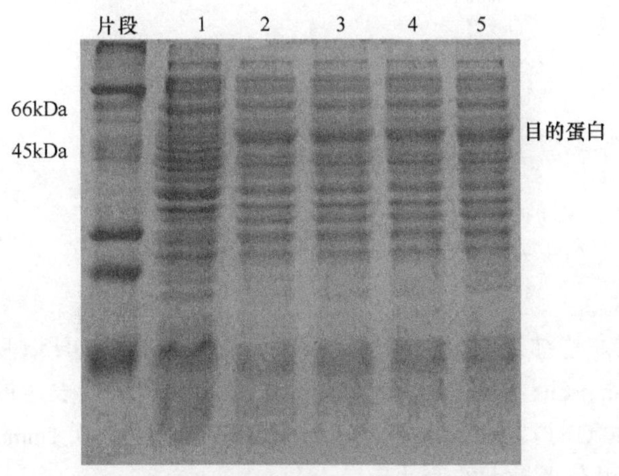

图 7-1 IPTG 浓度对表达的影响

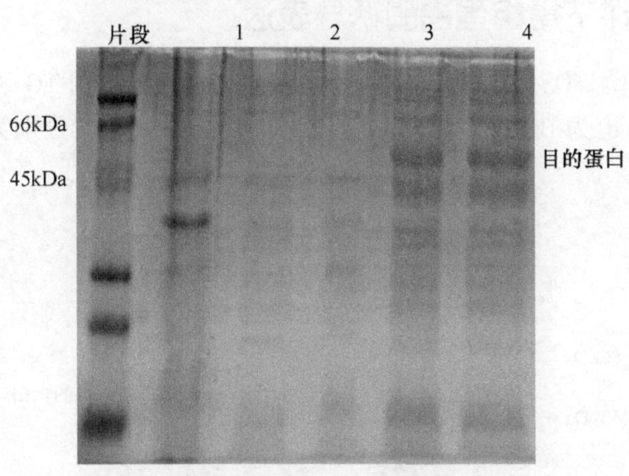

图 7-2 温度对表达的影响

图 7-1 中最左边泳道为蛋白质片段，1~5 道分别对应 DH5α 阴性对照、IPTG 浓度为 0.1mmol/L、0.5mmol/L、1.0mmol/L、2.0mmol/L，图中可以 IPTG 浓度为 0.1mmol/L 时蛋白质表达量已接近最大。

图 7-2 中，最左边泳道为蛋白质片段，1~5 道分别对应 DH5α 阴性对照、温度 20℃、温度 25℃、温度 30℃、温度 37℃，从图中可以看出，30℃时蛋白质表

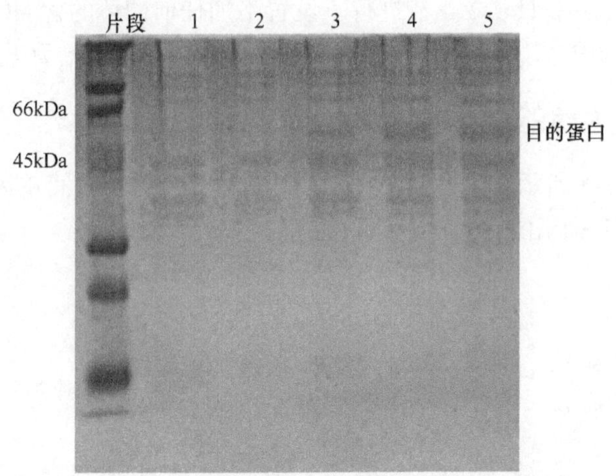

图 7-3　诱导时间对表达的影响

达量已达到最大。

图 7-3 中最左边泳道为蛋白质片段，1~5 道分别对应 DH5α 阴性对照、诱导时间 0h、1h、3h、6h，从图中可以看出，诱导 3h 后蛋白质表达量已达到最大。

工程菌在 30℃时具有最高的表达活性，IPTG 浓度为 0.1mmol/L、培养时间为 3h 时菌株即可获得最大的表达量。

7.4　最佳条件下重组蛋白酶诱导表达

图 7-4 所示为 SDS-PAGE 照片，图中第 1 道为为未加 IPTG 诱导的重组菌蛋白质片段，第 2 道为 BL21（DE3）阴性对照，第 3~第 6 道分别为 7.2.4 节中的 4 个平行样品。

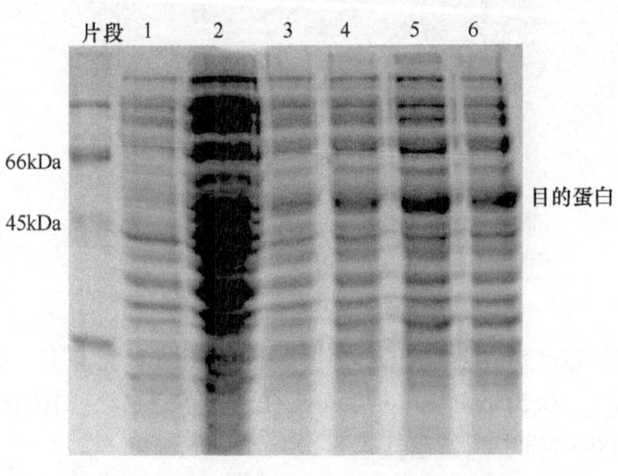

图 7-4　蛋白质表达鉴定 SDS-PAGE 图

由图 7-4 可以看出，目的基因已经在 *E. coli* BL21（DE3）中表达。对比第 2 道中的阴性对照，第 4～第 6 道在 43～66kDa 之间都具有一条很浓的条带。由目的蛋白和 GST 标签相对分子质量可算得，目的融合表达蛋白质的相对分子质量为 61kDa，4～6 中条带基本可以确认是表达的目的蛋白。

7.5 包涵体验证结果

图 7-5 所示为包涵体验证试验 SDS-PAGE 图。

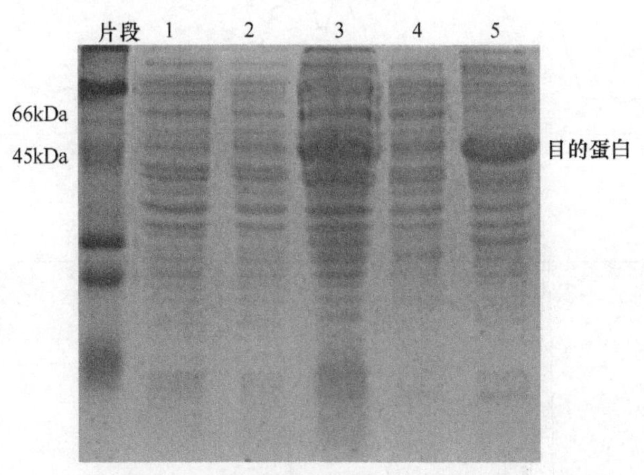

图 7-5 包涵体验证试验 SDS-PAGE 图

图 7-5 中第 1 道为 BL21（DE3）阴性对照，第 2 道为未诱导的重组菌，第 3 道为破碎前菌体，第 4 道为细胞破碎后上清，第 5 道为破碎后沉淀。从图中可以看出，目的蛋白已经在重组菌中高效表达，第 4 道和第 5 道均具有目的融合蛋白条带，并且第 5 道中条带颜色更深，这说明目的融合蛋白大部分形成了包涵体，一小部分仍在细胞质和细胞周质以可溶形式存在。

7.6 表达蛋白降解 MC-RR 活性验证

实验得到的 HPLC 图谱如图 7-6 所示。

图 7-6 中 HPLC 位于 7.3min 左右的峰在 239nm 处具有最大吸收，与标准品基本相同，证明该处的峰为 MC-RR 峰。可以观察到，随着时间的推移，MC-RR 峰的峰高在不断降低，说明其浓度也在不断降低。与此同时，在 9.6min 左右有一个峰的峰高不断增大，推断可能是 MC-RR 降解的中间产物。图 7-7 所示是重组蛋白降解 MC-RR 浓度随时间变化曲线。

从图 7-7 中可看出，重组蛋白酶对 MC-RR 降解前期速度很快，4h 之内 MC-RR 的浓度降为 11mg/L，去除率达到 80%以上，之后 MC-RR 浓度有所降低，但降低缓慢，10h 后降解速度基本为零。最终反应体系中 MC-RR 浓度为初始浓度的 1/5 左右，即 10mg/L 左右。

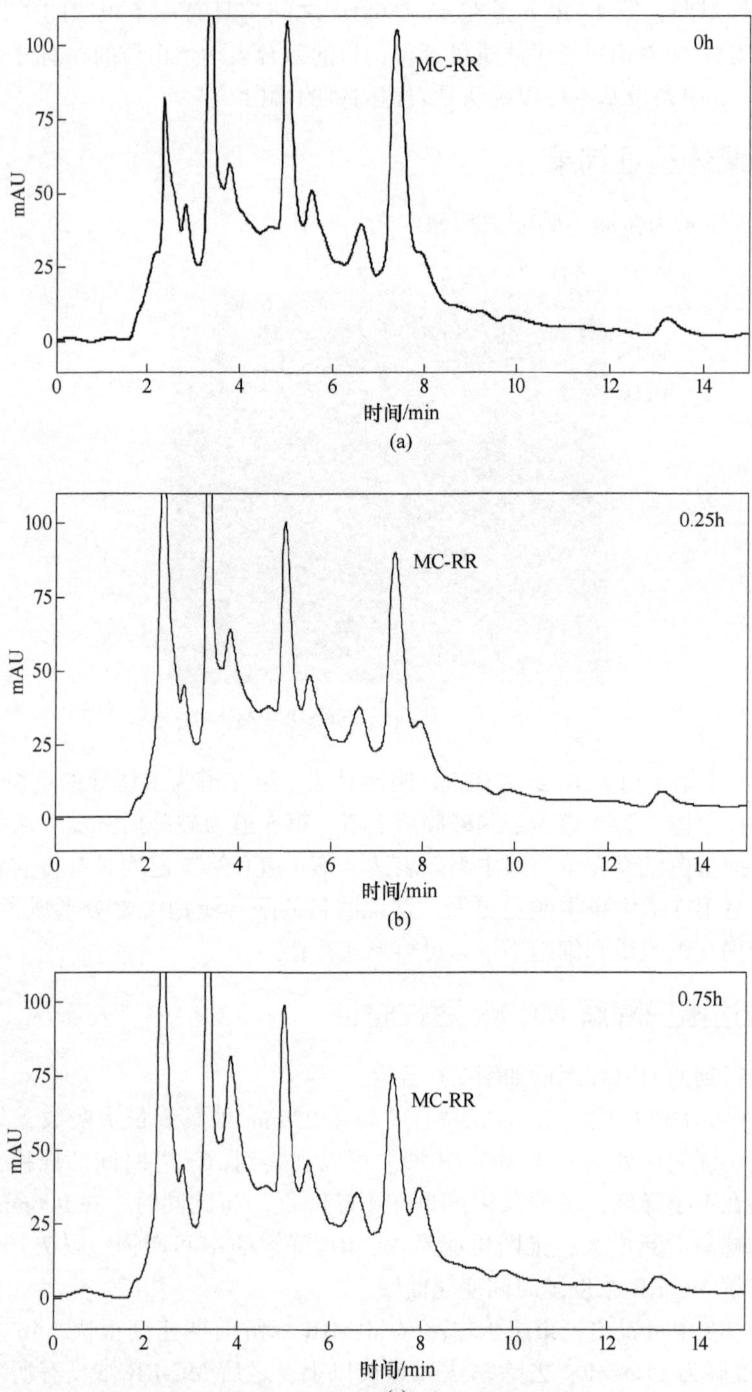

(a)

(b)

(c)

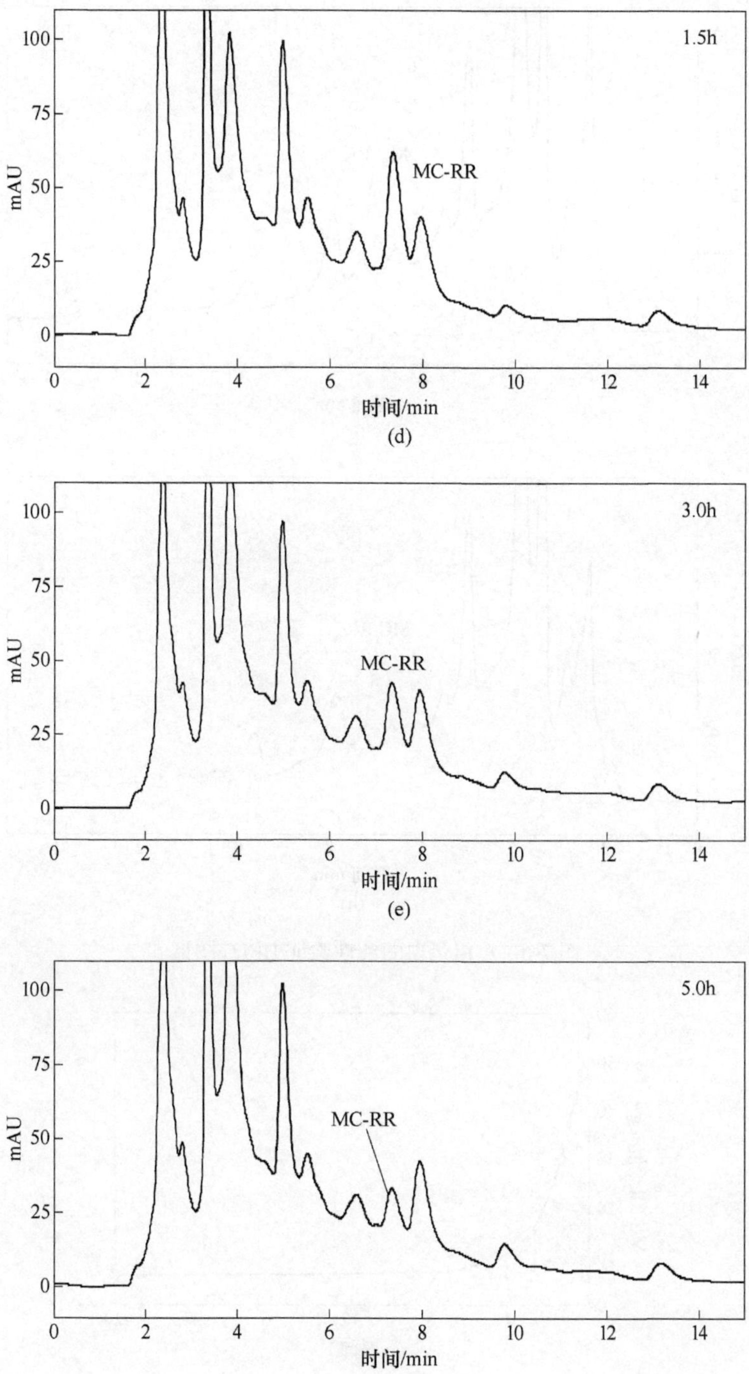

(d)
(e)
(f)

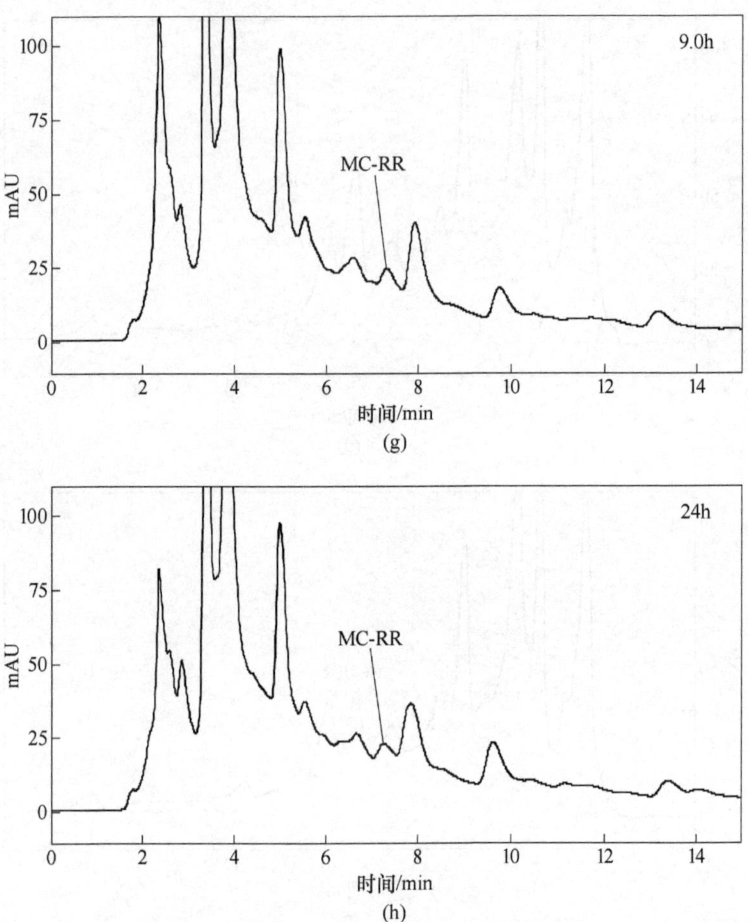

图 7-6 重组蛋白酶活性验证 HPLC 图谱

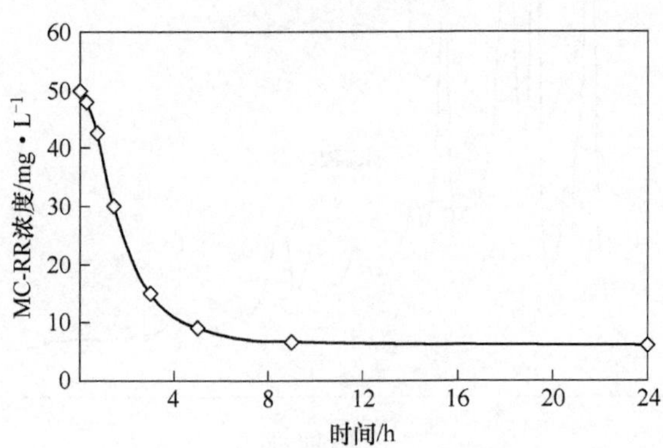

图 7-7 重组蛋白降解 MC-RR 浓度随时间变化曲线

7.7 重组蛋白酶初步分离

重组蛋白中含有 GST 标签，采用亲和层析法可将其从总蛋白中分离提纯。总表达蛋白 CE 中初步分离出的重组蛋白酶 SDS-PAGE 电泳图显示，第 1~第 5 泳道分别是总蛋白 CE、未吸附蛋白、淋洗 1 次、淋洗 2 次和洗脱蛋白（见图 7-8）。获得诱导表达的重组总蛋白量比较高，通过亲和层析被吸附到树脂上的目的蛋白量较少。对吸附了目的蛋白的树脂经过两次充分清洗后，用 GST-Bind 试剂盒的洗脱液进行洗脱，第 5 泳道中得到的洗脱液中含有一定量的目的蛋白（GST+*USTB-05-A*，理论相对分子质量为 61kDa 左右），但是仍然存在杂带，需要在后续研究中进一步纯化。为保证重组蛋白酶的降解效果，在后续研究中仍用总蛋白进行降解试验。

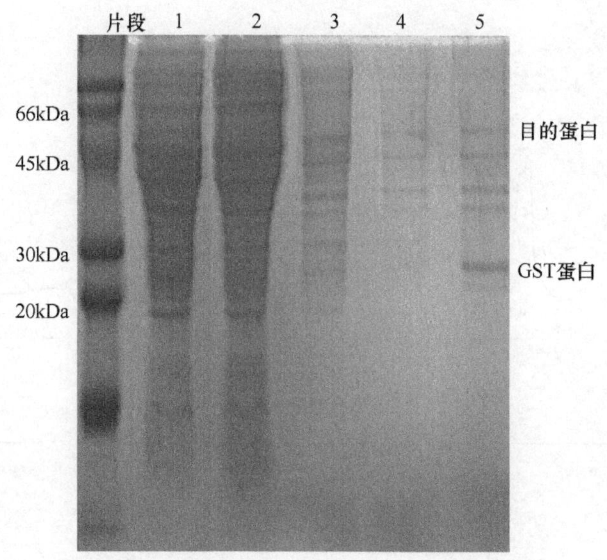

图 7-8 重组蛋白酶的初步分离的 SDS-PAGE 图

7.8 USTB-05 菌体与基因工程菌降解 MC-RR 活性对比

基因工程菌 *E. coli* BL21（DE3）细胞内含有重组质粒 pGEX-4T-1/*USTB-05-A*，在 IPTG 的诱导下，重组质粒 pGEX-4T-1 /*USTB-05-A* 在 GST 标签蛋白表达的带动下获得重组蛋白酶表达。重组蛋白酶可以对 MC-RR 的侧链直接进行攻击，而使 MC-RR 很快降解。因此，相对于 USTB-05 菌来说，其降解速度会更快。实验结果如图 7-9~图 7-12 所示。

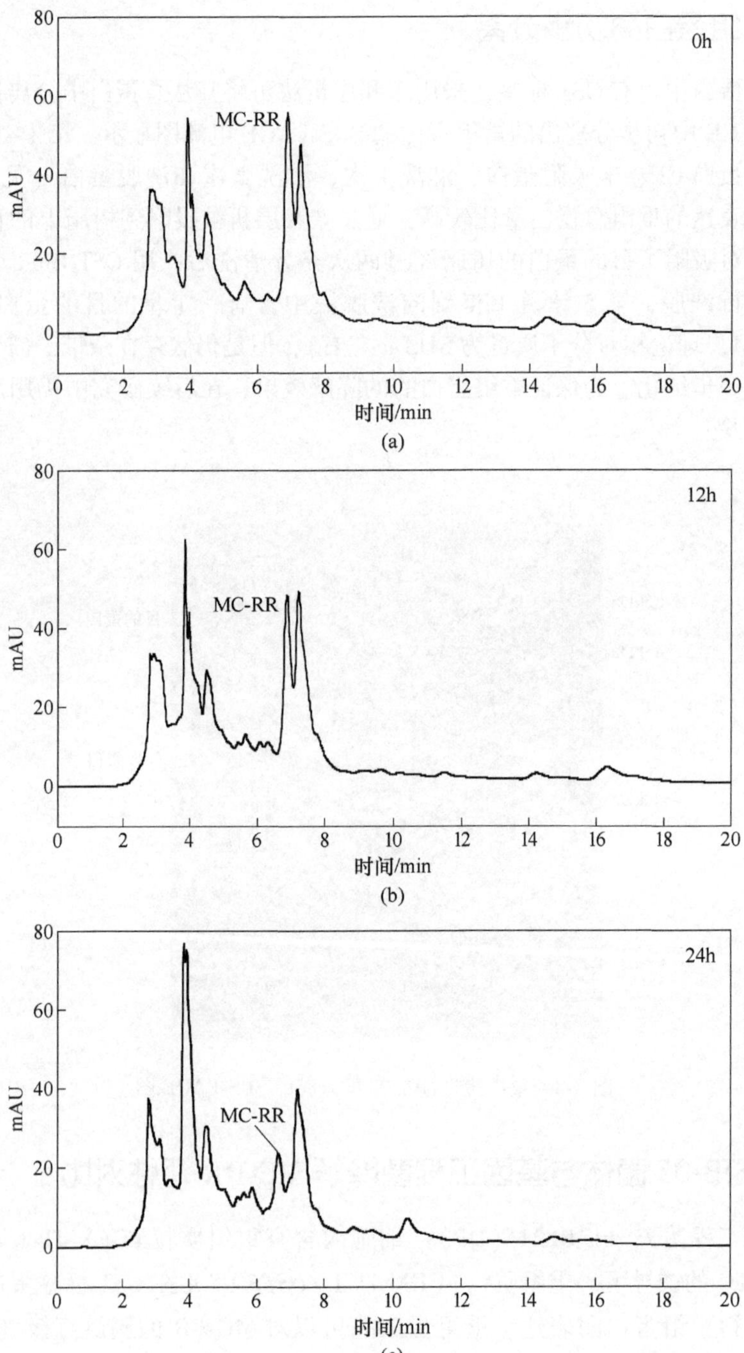
0h
MC-RR
mAU
时间/min
(a)
12h
MC-RR
mAU
时间/min
(b)
24h
MC-RR
mAU
时间/min
(c)

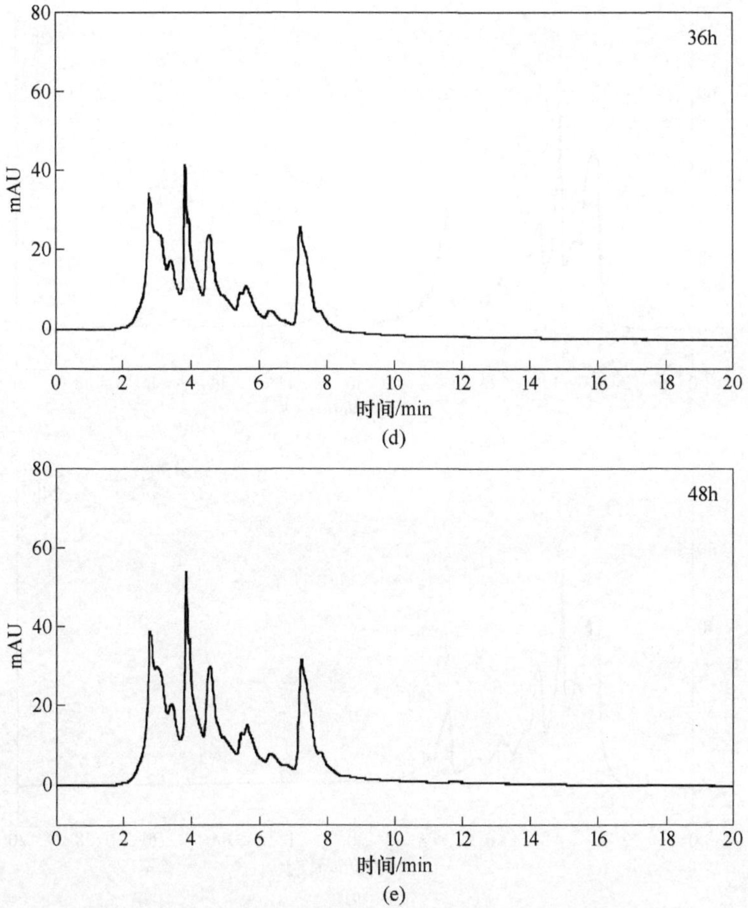

图 7-9 USTB-05 菌降解 MC-RR 的 HPLC 图谱

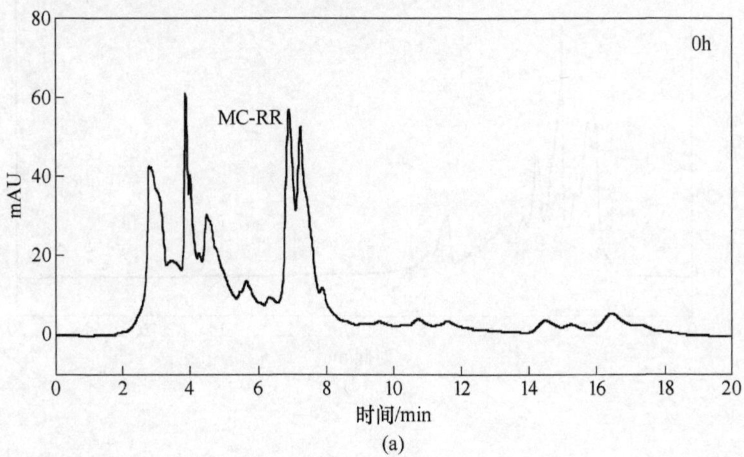

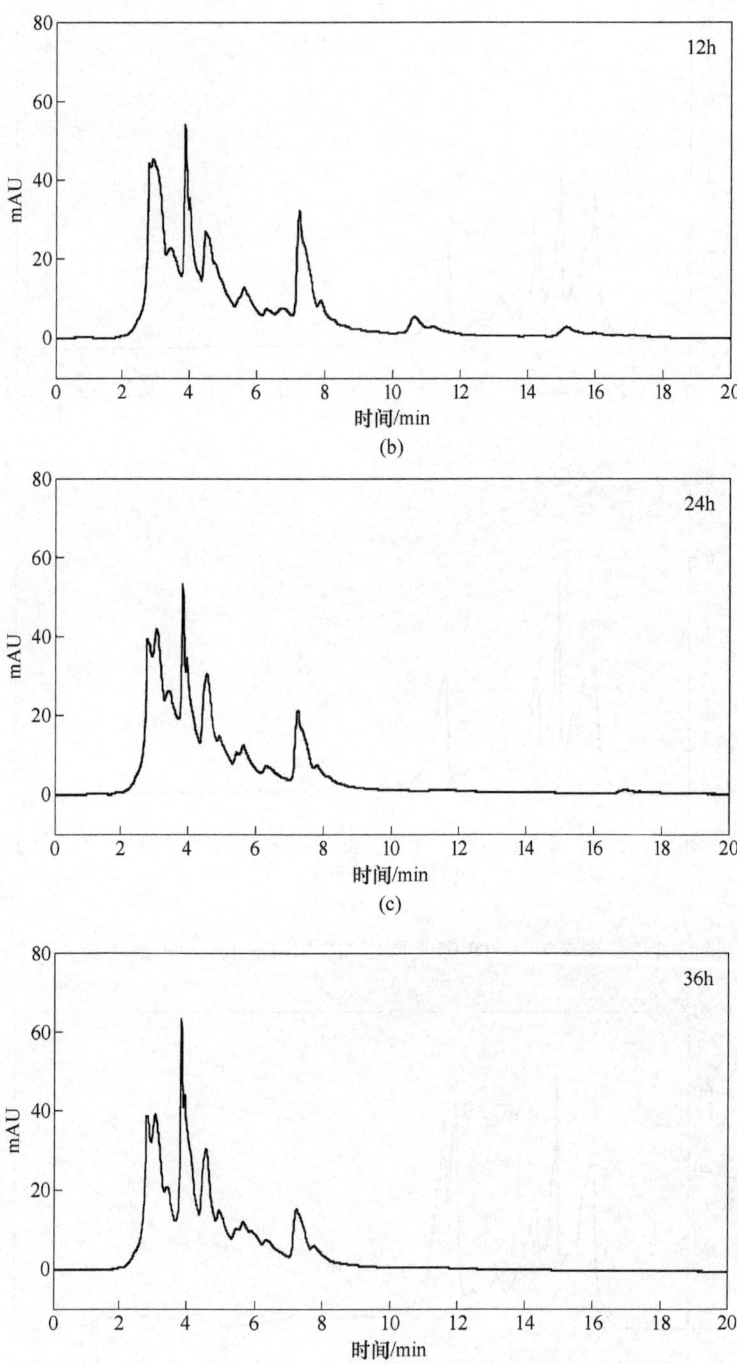

(b)

(c)

(d)

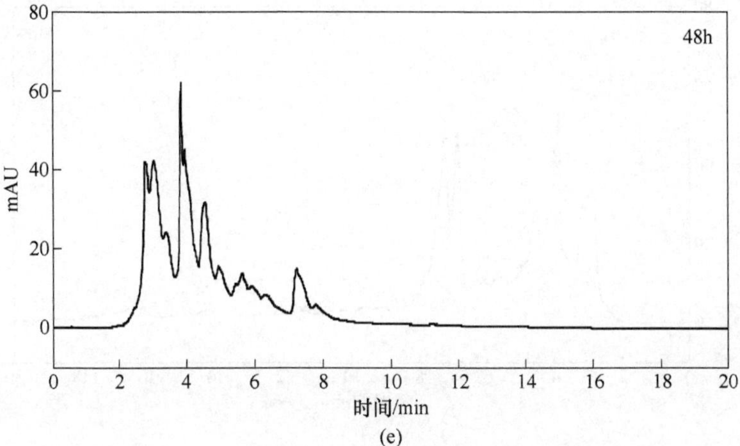

图 7-10 基因工程菌降解 MC-RR 的 HPLC 图谱

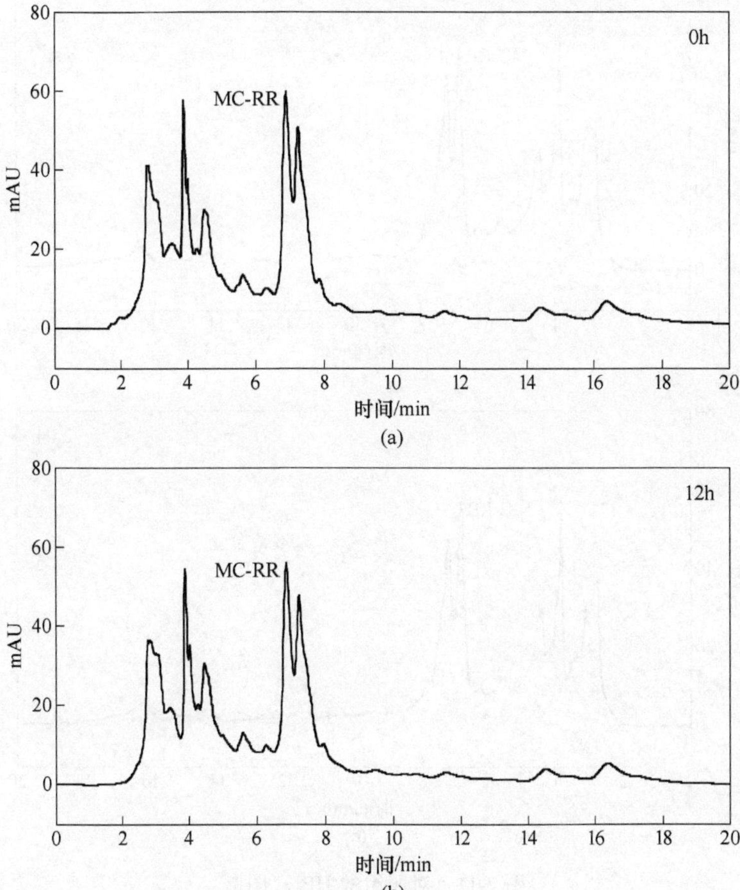

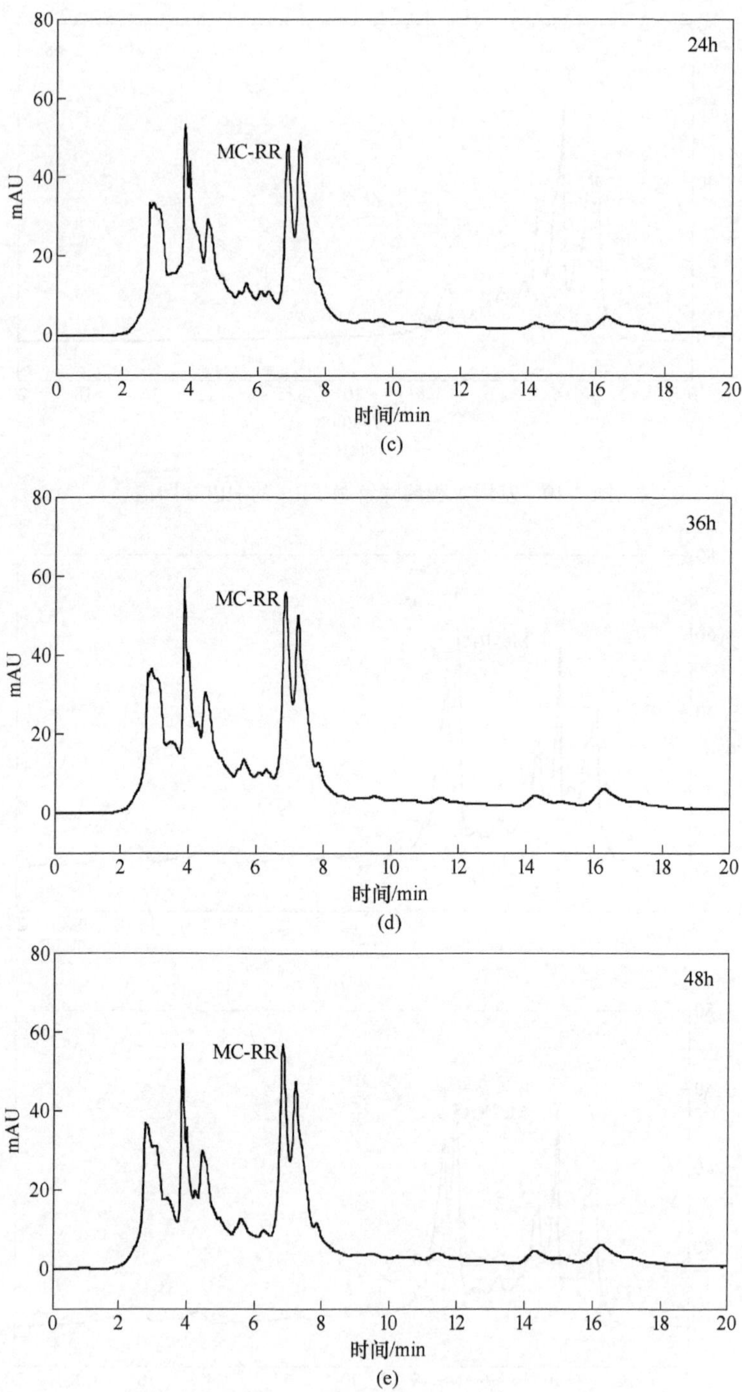

图 7-11　对照组的 HPLC 图谱

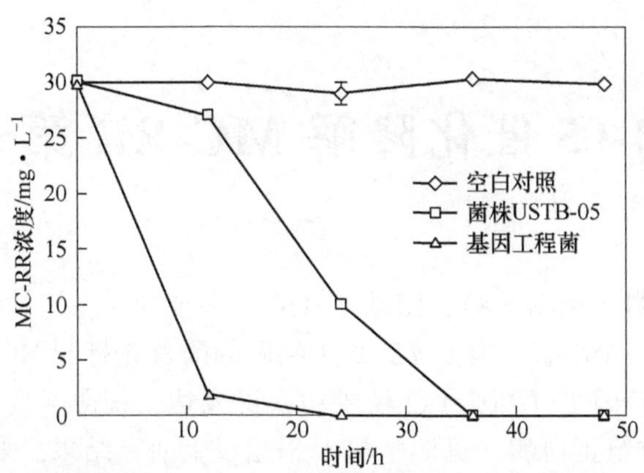

图 7-12 USTB-05 和基因工程菌对 MC-RR 的降解

对比实验结果表明，USTB-05 菌在 24h 内完全降解初始浓度为 30mg/L 的 MC-RR（见图 7-9（c）），此后的 HPLC 图谱中检测不到 MC-RR（见图 7-9（d）、（e））。而基因工程菌 12h 之内已经完全降解 MC-RR（见图 7-10（b）），其降解速度至少为 USTB-05 菌的一倍。对于对照组中的 MC-RR 几乎没有变化（见图 7-11）。整个对比试验中 MC-RR 浓度的变化如图 7-12 所示。实验结果表明，构建的基因工程菌相对于 USTB-05 菌株降解 MC-RR 的速度更快。这为基因工程菌在 MC-RR 催化降解中的进一步应用奠定重要的前期基础。

7.9 本章小结

采用前期获得的基因工程菌进行蛋白诱导表达、目的蛋白酶分离及酶活验证，主要结论如下：

（1）对诱导表达条件单因素进行试验，SDS-PAGE 检测结果显示，在 IPTG 浓度为 0.1mmol/L 、温度 30℃ 和诱导时间 3h 表达蛋白可获得最大的表达量。

（2）在最佳诱导条件下，获得了重组蛋白酶的高效表达，表达蛋白中大部分以包涵体形式存在，只有一小部分可溶蛋白；采用默克亲和层析试剂盒 GST-Bind 从总表达蛋白 CE 中初步分离出目的蛋白。

（3）提取基因工程菌表达的可溶蛋白酶活验证试验，结果显示，可溶重组蛋白酶能够在 4h 内降解 80%以上的 MC-RR，具有较高的活性。构建的基因工程菌催化降解 MC-RR 的速度相对 USTB-05 菌株更快。

8 USTB-05 催化降解 MC-RR 第一步机理

前期研究表明（见图 5-8），菌株 USTB-05 中至少存在三种酶参与催化降解 MC-RR，其中第一个降解基因 *USTB-05-A* 编码的酶首先打开 MC-RR 结构中环状侧链。并且降解基因 *USTB-05-A* 已经成功获得表达，获得了具有催化降解 MC-RR 生物活性的重组蛋白酶（见图 7-6）。根据以上研究结果，采用 MC-RR 标准品为底物，以表达获得的重组蛋白酶来催化降解 MC-RR，获得第一个酶促反应的降解产物，分析测定降解产物的分子特性以及重组蛋白酶参与催化降解过程的功能，建立菌株 USTB-05 催化降解 MC-RR 关键的第一步降解分子机理，为获得完整降解途径及分子机理奠定重要基础。

8.1 实验材料

8.1.1 主要溶液

实验中所用到但未列出的分子生物学溶液及贮存液均参照《分子克隆实验指南（第三版）》的方法配制。

8.1.2 主要仪器

主要仪器见表 8-1。

表 8-1 主要仪器

仪器	型　号	生产厂家
LC（Liquid Chromatography）	1200 Series；LC 使用 TC-C_{18} 分析色谱柱（Waters，USA）	美国 Agilent 公司生产
MS（Mass Spectrometry）	型号为 3200 QTRAP；此系统使用三重四级杆和离子阱技术（hybrid triple quadrupole/linear ion trap technology）。MS 原理图如图 8-1 所示	美国 AB Sciex 公司生产
高效液相色谱系统（HPLC）	岛津 LC-10ATvp 型输液泵×2 双泵系统，岛津 SPD-M10Avp 型二极管阵列检测器，美国 Agilent C_{18} column（4.6mm×250mm，5μm）色谱柱，P/N 7725i 型 20μL 手动进样器，Class-VP Ver 6.3 数据分析工作站	日本岛津公司生产

续表 8-1

仪器	型　号	生产厂家
超声波细胞粉碎仪	JY92-2D 型	宁波新芝生物科技股份有限公司产品
SDS-PAGE 聚丙烯酰胺蛋白电泳仪		
恒温振荡培养箱	BS-IEA 2001 型	常州国华电器有限公司产品
冷冻冰箱	BCD-281-E 型	依莱克斯公司产品
冷藏冰箱	SC-329GA	青岛海尔集团生产
电热手提式高压蒸汽灭菌消毒器		江苏滨江医疗设备厂
洁净工作台	SW-CJ-1FD 型	吴江市汇通空调净化设备厂生产
高速冷冻离心机	GL-20G-Ⅱ型	上海安亭科学仪器厂生产
高速台式离心机	1-14 型	Sigma 公司生产
超声波清洗器	KQ5200B 型	昆山市超声仪器有限公司产品
真空泵	DOA-P704 型	美国 GAST Manufacturing Inc. 制造
分光光度计	722S 可见光分光光度计	上海棱光技术有限公司产品
漩涡混合器	QL-901 型	其林贝尔仪器制造公司生产
pH 计	PHS-3C 型	上海康仪仪器有限公司产品
电子天平	ScoutTM Pro 型	奥豪斯国际贸易（上海）有限公司产品
-86℃低温冰箱	NU-6382E 型	NUAIR 公司产品
PCR 仪	5331 型	Eppendorf 公司产品
电泳仪	PYY-8C 型	北京六一仪器厂
凝胶成像系统	GIAS-4400 型	北京炳洋科技公司产品

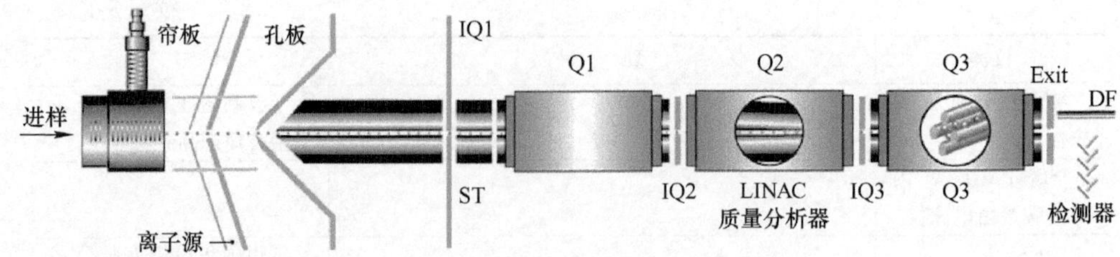

图 8-1　质谱仪工作原理示意图（AB SCIEX，3200 QTRAP）

8.2　实验方法

8.2.1　重组蛋白酶对 MC-RR 的降解

按照 7.2.4 节中方法获得可溶性目的蛋白用于降解 MC-RR 试验。

（1）设置实验组和对照组，其组成如下：

1）实验组。0.4mL MC-RR 标准品 +0.4mL ddH_2O +0.6mL 磷酸盐缓冲液+0.6mL 上清液，上清液最后加入。体系中 MC-RR 的最终浓度为 40mg/L，细胞总蛋白的最终浓度为 350mg/L。

实验组中 0min 样品先向离心管中加入浓盐酸，然后再按比例加入各种成分。其中为：40μL MC-RR + 40μL ddH_2O +60μL 重组菌破碎上清 + 60μL 磷酸缓冲液。

2）对照组。设立对照：80μL MC-RR + 200μL ddH_2O + 120μL 磷酸缓冲液，分别在 0min、60min、480min 取样，每次 100μL，按比例添加盐酸终止反应。实验条件：30℃，200r/min。

（2）实验组置于摇床中，在加入上清液后开始计时，分别在 10min、30min、1h、4h、8h 取样。每次取样 200μL，取样时加入 2μL 浓盐酸以终止反应。

（3）所有样品在-20℃冰箱中保存，样品在 12000r/min 下离心 10min 后统一采用 HPLC 测定，测定方法参照 3.2.1 节所述。

8.2.2　MC-RR 第一个降解产物质谱分析

根据重组蛋白酶催化降解 MC-RR 动力学实验的 HPLC 测定结果显示，工程菌降解 MC-RR 的产物随着取样时间的增加而不断积累，在 1h 之后的样品 HPLC 图谱中已经出现明显的产物峰。在产物出峰时间处，收集色谱仪流动相，此流动相中产物纯净，但是含有水与乙腈成分；质谱分析中必须使用有机相溶解物质，因此必须采用适当的方法去除流动相。选择固相萃取柱（SPE），SPE 柱可以在低甲醇浓度时吸附 MC-RR 及与其结构相似物质，高甲醇浓度时解吸附。以下是详细实验步骤：对 8.2.1 节中获得的重组菌降解 MC-RR 产物，各取 100μL

(480min、240min、60min、30min 样品)，共 400μL，加入 50μL MC-LR 标准品 (200mg/L)，混合均匀加到 SPE 柱中，1mL 水洗涤，1mL 甲醇洗脱、浓缩，使其终体积为 200~300μL。添加 MC-RR 标准品是为了作为对照，LC-MS 测定时可作为测定是否准确的依据。

测量条件为：LC 中使用 TC-C_{18}分析柱（Waters，USA），流动相为 65%乙腈和 35%水（含 0.1%甲酸）。

MS 采用电喷雾离子化方式（electron spray ionization，ESI）和正离子模式 (positive ion mode)，针尖电压为正压 5.0 kV。为了使带电液滴去溶剂，仪器使用氮气为保护气（curtain gas）。测量时采用全扫描模式，扫描范围为 100~1200 (m/z)。其他条件如下所述：curtain gas(CUR)= 15.0psi，ionspray voltage(IS)= 5000.0V，temperature(TEM)= 450.0℃，ion source gas 1(GS1, N_2)= 70.0psi，ion source gas 2(GS2, N_2)= 50.0psi，declustering potential(DP)= 100.0，entrance potential(EP)= 10.0。

8.3 重组蛋白酶对 MC-RR 的降解结果

实验样品 HPLC 测试结果如图 8-2 所示。

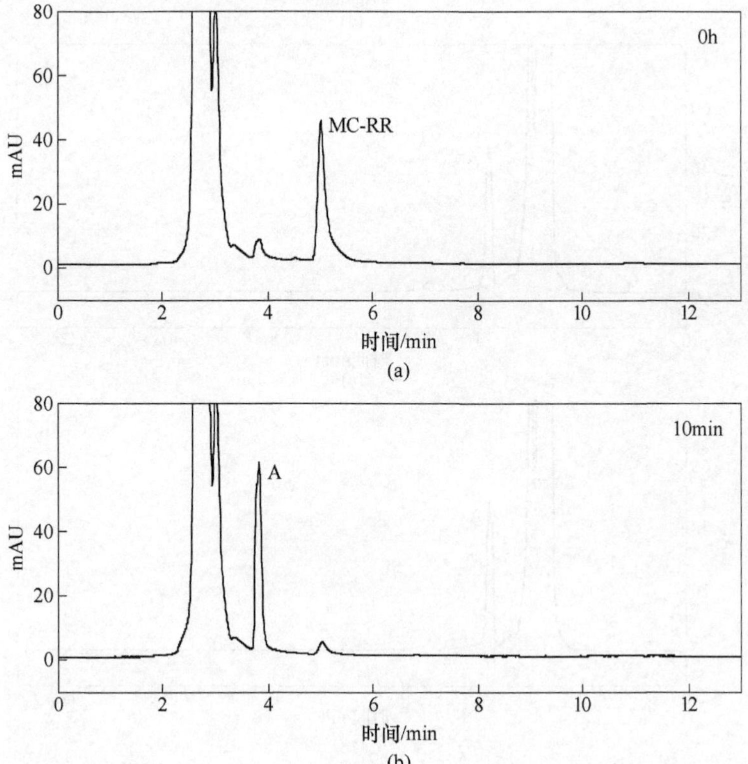

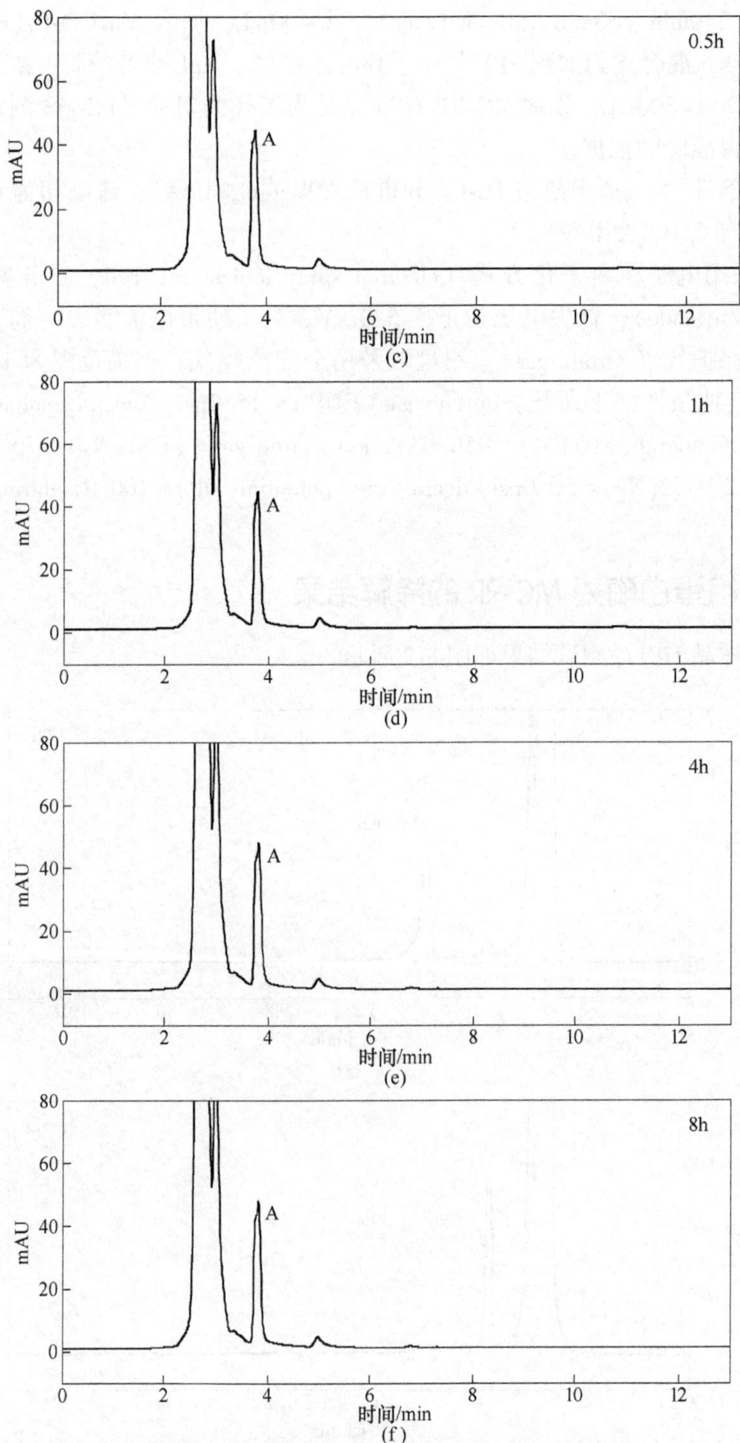

图 8-2　实验组目的蛋白降解 MC-RR 的 HPLC 图谱

从图 8-2 中可以看出，实验组中标准品 MC-RR 在 HPLC 上的出峰时间为 5.0min 左右（见图 8-2（a））。随着时间的增长，10min 后 MC-RR 峰值随之消失，而在 3.8min 出现一个产物峰 A（见图 8-2（b）），并且这个产物峰从 0.5h 以后一直保持不变(见图 8-2(c)~(f))。对照组中标准品 MC-RR 在 HPLC 上的出峰时间也在 5.0min，而且峰高从 0h 开始到 8h 结束均保持不变（见图 8-3)。

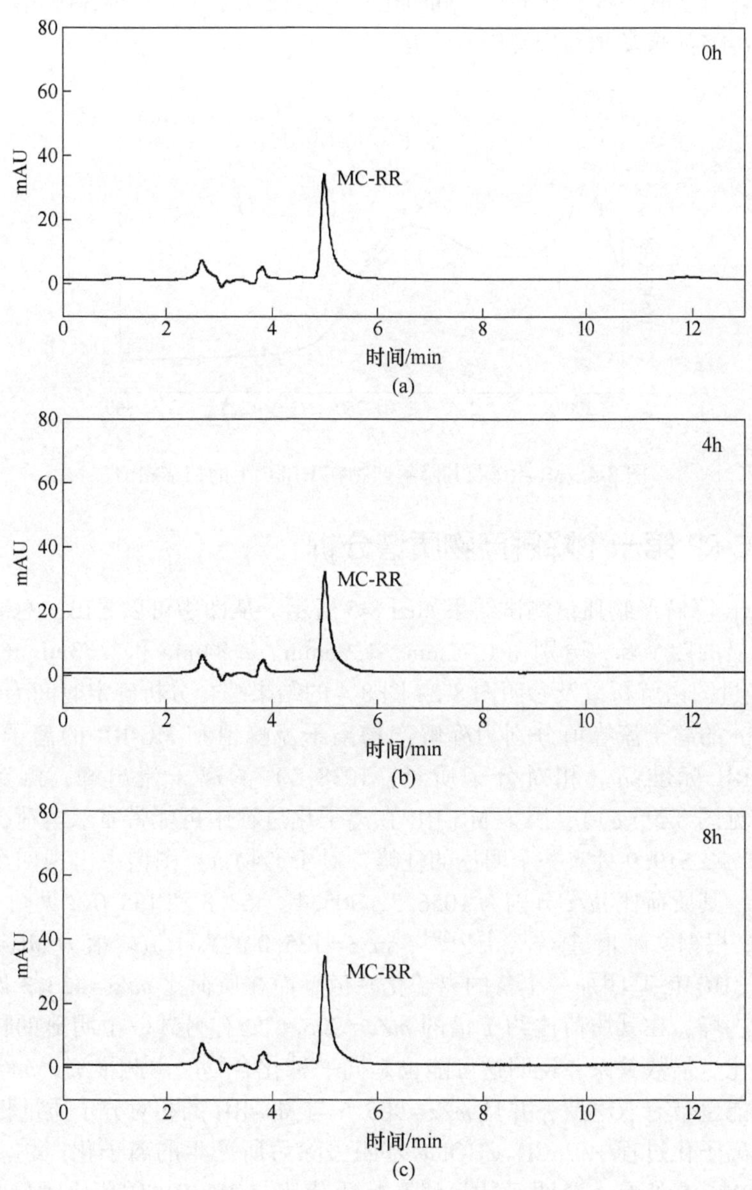

图 8-3 对照组 MC-RR 的 HPLC 图谱

可以看出，基因 *USTB-05-A* 的重组蛋白酶 10min 内能够把初始浓度为 40mg/L 的标准品完全降解，降解速度非常快，具有很强的降解 MC-RR 能力，并获得较高浓度的降解产物 A。结合图 8-4 中 MC-RR 和产物 A 在 HPLC 上扫描图谱的比对结果，二者的扫描图谱在 200～300nm 处之间均有最大吸收峰，并且二者扫描图谱相似度非常高。实验结果完全符合菌株 USTB-05 的无细胞提取液降解 MC-RR 的动力学过程（见图 5-8、图 5-9）。同时也进一步证明了菌株 USTB-05 第一个降解基因 *USTB-05-A* 成功地得以克隆和表达。

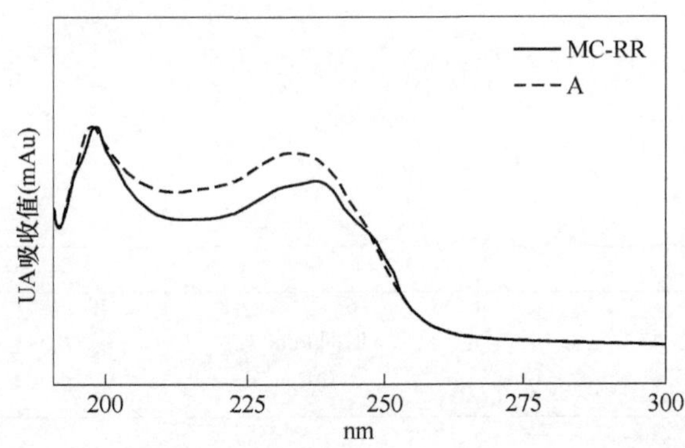

图 8-4　MC-RR 及其降解产物在 HPLC 上的扫描图谱

8.4　MC-RR 第一个降解产物质谱分析

MC-RR 降解产物质谱测试结果如图 8-5 所示。从图中可以看出，总离子流图谱上有明显的四个峰，分别在 1. 72min、1. 96min、2. 84min 和 3. 73min（见图 8-5（a））。经过图谱解析以及参照图 8-2～图 8-4 的结果综合分析确定时间为 1. 96min 和 3. 73min 的离子流峰值分别为降解产物离子流峰值和 MC-RR 的离子流峰值。对应 MC-RR 标准品（相对分子质量：1038. 2）的离子流出峰，测定的 *m/z* 1038. 7（见图 8-5（c）），因为 MC-RR 在离子化过程中可能带有双电荷，因此在质谱图上 *m/z* 519. 9 处有一个明显的柱峰。对于产物 A，图谱中出现四个主要离子流峰值，其质荷比 *m/z* 分别为 1056. 5、905. 4、453. 3 和 135. 0（见图 8-5（b）和（c））。根据文献报道[22,142,158,159]，*m/z*＝135. 0 的离子流峰值为 MC-RR 结构中 $PhCH_2CHOMe$ 基团加一个氢的离子化峰值。而在质荷比 *m/z*＝453. 3 处有一个最明显的柱峰，在其质荷比约 1 倍的 *m/z*＝905. 6 处有另外一个明显的柱峰，二者的质荷比呈倍数关系，说明这可能也是同一种化合物。由此推测，*m/z*＝905. 6 处产物可能也带有双电荷，并且 *m/z*＝905. 6 与 MC-RR 的相对分子质量相差 133，可能是在离子化过程中 $PhCH_2CHOMe$ 基团去除后所产生的离子化产物。在质荷比 *m/z*＝1056. 5 处有一个明显的柱峰，其质荷比与 MC-RR 质荷比刚好相差 18，相当于一个水分子的相对分子质量。

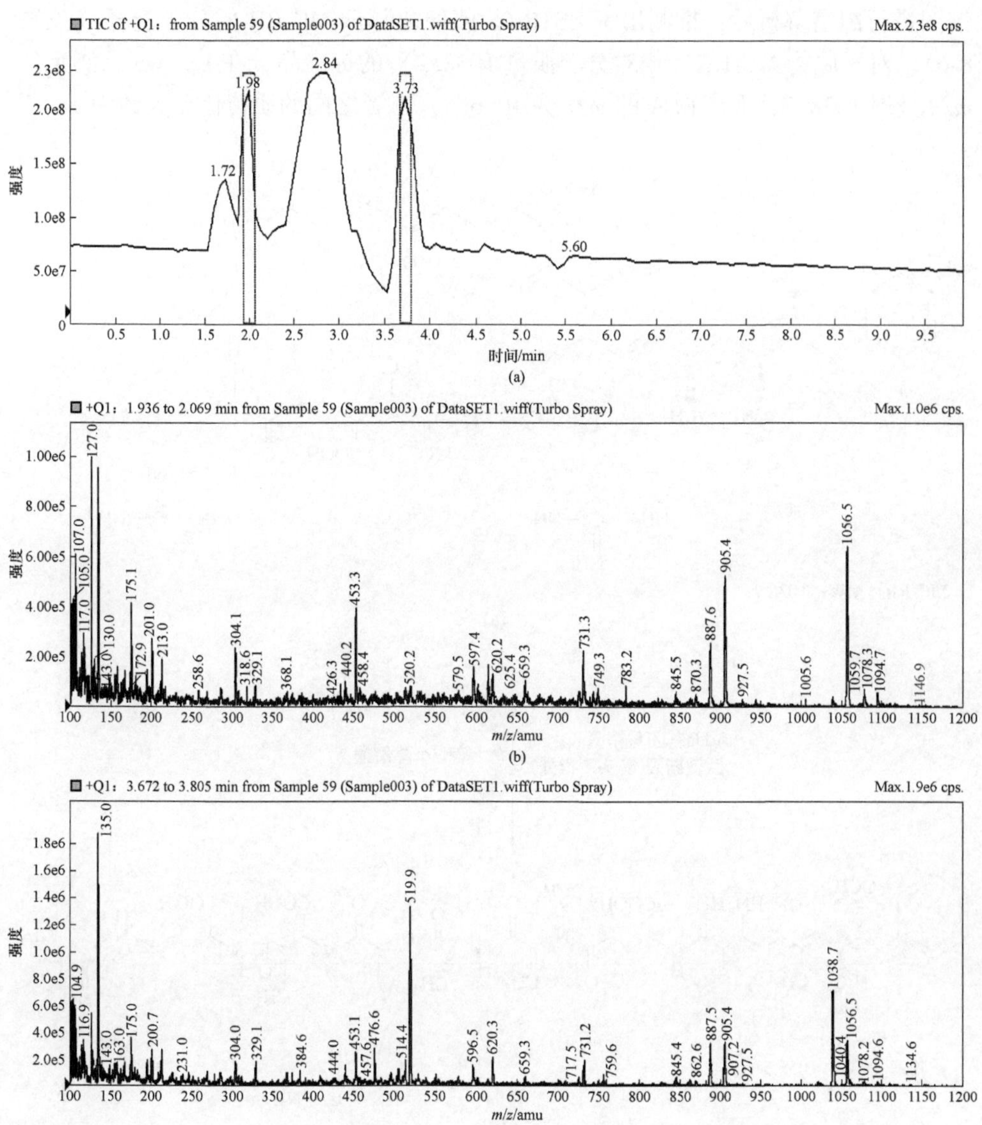

图 8-5 MC-RR 及其降解产物的质谱测试结果

(a) MC-RR 及其降解产物的 TIC 图谱；(b) 降解产物 MS 图谱；(c) MC-RR 的 MS 图谱

8.5 USTB-05 降解 MC-RR 第一步途径推测

根据图 8-4 和图 8-5 研究结果可以看出，USTB-05 的第一个酶将 MC-RR 催化降解而转化成第一个产物 A。根据 MC-RR 的 USTB-05 菌酶催化降解产物的 LC/MS 测定结果，结合国外文献有关 MCs 生物降解途径的报道[22,143]，并经过对质谱图进行图谱解析后，推测出了 USTB-05 菌催化降解 MC-RR 的分子途径（见图 8-6）。对于底物 MC-RR（相对分子质量 1038. 2）的标准品，在 LC/MS 上测定的 *m/z* 呈现 1038. 7，而产物 A 的 *m/z* 为 1056. 5，二者之间的质荷比差大约为 18。

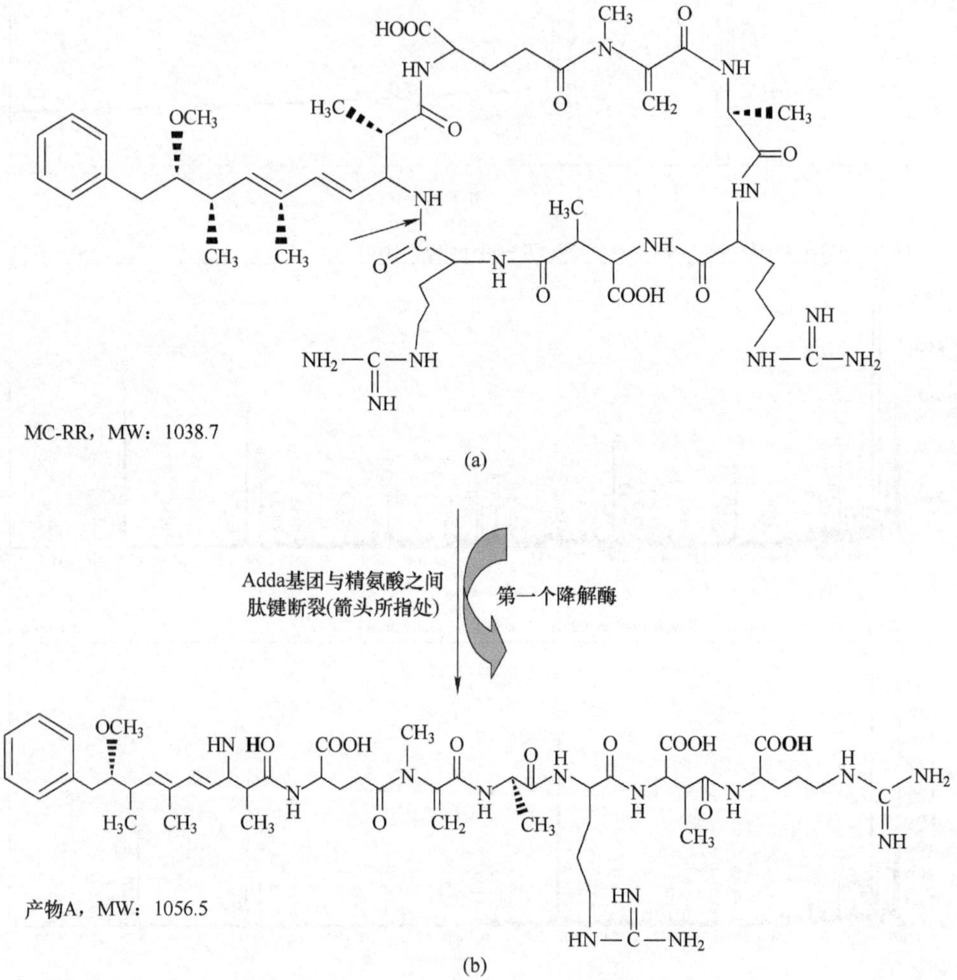

MC-RR，MW：1038.7

(a)

Adda基团与精氨酸之间肽键断裂(箭头所指处)

第一个降解酶

产物A，MW：1056.5

(b)

图 8-6　USTB-05 催化降解 MC-RR 的第一步途径

生物有机分子中化学键能的大小与许多因素有关，其中主要的因素是被化学键连接在一起的原子间电负性差异（见表 8-2）。具有较小键能的键容易被破坏，即这种键本身较弱、较不稳定。肽键（—HN—CO—）中 C 或 N 的一端连有很长的其他原子（大部分的氨基酸以 C—N 肽键组成蛋白质），它们都有配电子，可减弱争夺电子的引力，因而 C—N 键长，容易受到攻击而断裂。而常规的 C—N 键中 C 或 N 的一端就是简单的原子组合，C 中的电子转移至 N 中，争夺力充足并受其他原子上的电子影响小，因而引力大，C—N 键短，结构相对稳定，不易断裂[160]。MC-RR 分子结构右侧环状链中存在着较多化学键。如 C—N、C—C、C—O、C ═O 以及 C ═C 等。其中 Adda 基团与精氨酸之间的肽键中的 C—N 两端均连接着极不对称结构分子，造成 C—N 极易受到攻击而发生断裂。并且 Bourne 等人[143]研究发现的酶降解 MC-LR 的第 1 个产物的质荷比也比底物增加了 18，理论推测微囊藻毒素酶首先打开连接 Adda 与精氨酸之间的肽键，负责将环状 MC-LR 打开而变成线性的 MC-LR。

表 8-2 部分化学键的平均键能[160] (kJ/mol)

化学键	C—H	O—H	C—C	C—O	H—N	C—N	C ═O	C ═C
平均键能 4. 2	98	110	80	78	103	65	187 (2×93. 5)	145 (2×72. 5)

由此可以推断鞘氨醇单胞菌 USTB-05 酶可能含有与鞘氨醇单胞菌 ACM-3962 菌所产生的微囊藻毒素酶相类似的酶，其中第一个酶也是首先断开 MC-RR 结构中 Adda 与精氨酸之间的肽键（见图 8-6（a）中箭头所指部位），将环状 MC-RR 首先转化成线性 MC-RR：（H-NH-Adda-Glu-Mdha-Ala-Arg- MeAsp-Arg-OH），即产物 A（见图 8-6（b）），因为增加了一个氢和一个羟基，故相对分子质量增加到 1056. 5。

8.6 本章小结

通过重组蛋白酶催化降解标准品 MC-RR 的动力学试验，以及降解产物进行质谱分析，推测出 USTB-05 催化降解 MC-RR 的途径。取得主要结果如下：

（1）总浓度为 350mg/L 含重组蛋白酶的无细胞提取液能在 10min 内完全催化降解初始浓度为 40mg/L 的 MC-RR，并产生一个降解产物 A；二者的扫描图谱在 200~300nm 处之间均有最大吸收峰，并且二者扫描图谱相似度 90%以上。

（2）相对分子质量为 1038. 2 的 MC-RR 质谱测定的相对分子质量为 1038. 7，同时出现一个 519. 9 的离子流峰值，可能是 MC-RR 带双电荷的原因；降解产物 A 的质谱图中出现了四个主要离子流峰值，其中质荷比为 1056. 5 的离子流峰值所代表的物质与 MC-RR 相差大约 18，大约相当于一个水分子的相对分子质量。

（3）综合（1）、（2）的测试结果，结合生物有机分子中 C—N 键能比较分析，推测 USTB-05 催化降解 MC-RR 的途径是第一个酶断开 MC-RR 结构中 Adda 与精氨酸之间的肽键，通过增加一个水分子，而将环状 MC-RR 首先转化成线性 MC-RR，即产物 A，完成整个催化降解过程中关键的第一步。

9 结论与展望

9.1 主要结论

以提取提纯的 MC-RR 为唯一碳源、氮源，从滇池底泥中筛选出一株能够降解 MC-RR 的微生物纯菌种，并命名为 USTB-05。在对其生理生化特征、菌种归属、降解特性方面研究的基础上，通过降解基因克隆和表达，以 MC-RR 标准品为底物，对其降解基因的功能进行分析，推测出了 USTB-05 催化降解 MC-RR 的第一步关键途径。取得的主要成果如下：

（1）从滇池底泥中成功筛选出一株高效降解 MC-RR 的纯菌株 USTB-05，并采用 16S rDNA 序列分析法将其归属为鞘氨醇单胞菌。通过对 USTB-05 菌株的生理生化特性研究发现：USTB-05 细胞呈球形，属革兰氏阴性菌，对氨苄青霉素等 8 种抗生素均无抗性，80h 后到达稳定生长期，USTB-05 的最大耐盐度为 2%；USTB-05 可以生长的 pH 值范围为 6~11，生长的最佳 pH 值为 7~8。

（2）通过对氧气控制、不同温度和 pH 值条件下 MC-RR 的降解速率进行比较，发现 USTB-05 在有氧状态下、温度 30℃、pH 值为 7.0 的条件下对 MC-RR 的降解能力最强，在接种后的 36h 内能将初始含量为 35.3mg/L 的 MC-RR 降解完全，此时其 OD_{680nm} 达到 0.9 左右；而其无细胞提取液（总蛋白浓度为 350mg/L）则在 8h 内完全降解；并且在菌体 CE 降解过程中发现了三个降解产物。推测其菌体中可能存在三段催化降解 MC-RR 的蛋白酶。

（3）成功从 USTB-05 中克隆出一段长度为 1008 bp 的基因片段，序列提交到 GeneBank，其登录号：HM245411。其核苷酸序列组成与基因 *mlrA*（长度为 1008 bp，GeneBank 登录号：AF411068）相比，二者一致性位点的比例达到 92.5%。并且二者蛋白中相同的氨基酸序列所占比例达到 83%，推测在第 26 和第 27 个氨基酸区域存在着打开 MC-RR 环状链的活性区域。

（4）通过构建重组质粒 pGEX-4T-1/*USTB-05-A*，在 *E. coli* BL21（DE3）中成功转入重组质粒，最终获得含有重组质粒的基因工程菌；在 IPTG 浓度为 0.1mmol/L、温度 30℃和诱导时间 3h 的条件下，蛋白表达量最大，其中存在着一部分可溶蛋白。蛋白大小 36kDa 左右。可溶的重组蛋白酶能够在 3h 内降解 70%以上的 MC-RR，具有较高的生物活性。

（5）总浓度为 350mg/L 含可溶重组蛋白酶的无细胞提取液能在 10min 内完

全催化降解初始浓度为40mg/L的MC-RR，并产生一个降解产物A；采用HPLC、LC/ESI/MS等仪器，结合生物有机分子中C—N等键能比较分析，结果表明：MC-RR（m/z=1038.7）在第一个降解酶的作用下产生了第一个降解产物A（m/z=1056.5），二者的相对分子质量相差一个水分子的相对分子质量18。USTB-05催化降解MC-RR的第一步途径是第一个活性蛋白酶打开MC-RR结构中Adda与精氨酸之间的肽键，通过增加一个水分子而将环状MC-RR首先转化成线型MC-RR，即产物A，完成整个催化降解过程中关键的第一步。

9.2 主要创新点

主要创新点有：

（1）从滇池底泥中成功筛选出一株高效降解MC-RR微生物纯菌种，采用16S rDNA将其归属为鞘氨醇单胞菌（GeneBank登录号：EF607053），并研究确定了其生理生化特征以及降解MC-RR的生物学特性。

（2）通过构建克隆重组质粒pGEM-T Easy/*USTB-05-A*在*E. coli* DH5α中成功克隆出鞘氨醇单胞菌USTB-05催化降解MC-RR的第一个基因*USTB-05-A*（长度为1008bp，GeneBank登录号：HM245411），与*mlrA*基因有较高的同源性；再通过构建表达重组质粒GEX-4T-1/*USTB-05-A*，采用IPTG作为诱导剂，在*E. coli* BL21（DE3）中成功表达出具有较高生物活性的重组蛋白酶。

（3）采用含重组蛋白酶的无细胞提取液催化降解标准品MC-RR，获得一个降解产物A。通过HPLC、LC/ESI/MS等仪器测试发现，产物A的相对分子质量比MC-RR的相对分子质量大18。结合MC-RR分子结构中化学键能的对比，研究分析了鞘氨醇单胞菌USTB-05菌催化降解MC-RR的第一步关键分子途径，并推测了其降解机理。

9.3 展望

在筛选出高效降解MC-RR的纯菌种基础上，通过分子生物学技术成功克隆和表达出第一段降解基因，并研究建立了第一步分子途径和降解机理，取得了初步的重要成果，为后续工作奠定了坚实的前期基础。但鞘氨醇单胞菌USTB-05中总共包含四个参与催化降解MC-RR的降解酶，要建立完整的催化降解分子途径和降解机理，需要成功克隆和表达出对应剩余的编码三段降解酶的基因，获得后续三段参与催化降解基因、编码的蛋白酶以及对应的降解产物分子生物学信息。因此，这些研究内容需要在下一步研究中进行。

参考文献

[1] Haider S, Naithani V, Viswanathan P N, et al. Cyanobacterial toxins: a growing environmental concern [J]. Chemosphere, 2003, 52: 1~21.

[2] Li Y H, Wang Y, Yin L H, et al. Using the nematode caenorhabditis elegans as a model animal for assessing the oxicity induced by microcystin-LR [J]. J. Environ. Sci., 2009, 21: 395~401.

[3] 俞顺章，赵宁，资晓林，等. 饮用水微囊藻毒素与我国原发性肝癌关系的研究 [J]. 中华肿瘤杂志，2001，23 (2)：96~99.

[4] Bas W I, Ingrid C. Accumulation of cyanobacterial toxins in freshwater "seafood" and its consequences for public health: A review [J]. Environ. Pollut., 2007, 150: 177~192.

[5] Brittain S, Mohamed Z A, Wang J, et al. Isolation and characterization of microcystins from a river nile strain of oscillatoria tenuis agardh exgomont [J]. Toxicon, 2000, 38 (12): 1759~1771.

[6] Falconer I R. Toxic cyanobacterial bloom problems in Australian waters: risks and impacts on human health [J]. Phycologia, 2001, 40 (3): 228~233.

[7] Williams D E, Dawe S C, Kent M L, et al. Bioaccumulation and clearance of microcystins from salt water mussels, mytilusedulis, and in vivo evidence for covalently bound microcystins in mussel tissues [J]. Toxicon, 1997, 35 (11): 1617~1625.

[8] Chow C W K, Drikas M, House J, et al. The impact of conventional water treatment processes on cells of the cyanobacterium microcystis aeruginosa [J]. Wat. Res., 1999, 33 (15): 3253~3262.

[9] Haider S, Naithani V, Viswanathan P N, et al. Cyanobacterial toxins: a growing environmental concern [J]. Chemosphere, 2003, 52 (1): 1~21.

[10] De Figueiredo D R, Azeiteiro U M, Esteves S M, et al. Microcystin-producing blooms-a serious global public health issue [J]. Ecotoxicol. Environ. Saf., 2004, 59 (2): 151~163.

[11] Carmichael W W. Toxins of cyanobacteria [J]. Sci. Am., 1994, 270 (1): 78~86.

[12] 顾岗. 太湖蓝藻暴发原因及其控制措施 [J]. 上海环境科学，1996，15 (12)：10，11.

[13] 沈建国. 微囊藻毒素的污染状况、毒性机理和检测方法 [J]. 预防医学情报杂志，2001，17 (1)：10~11.

[14] 张维昊，徐晓清，丘昌强. 水环境中微囊藻毒素研究进展 [J]. 环境科学研究，2001，14 (2)：57~61.

[15] 邓义敏. 滇池水体中微囊藻毒素的研究 [J]. 云南环境科学，2000，19 (增刊)：117~119.

[16] 连民，陈传炜，俞顺章，等. 淀山湖夏季微囊藻毒素分布状况及其影响因素 [J]. 中国环境科学，2000，20 (4)：323~327.

[17] 董传辉，俞顺章，陈刚，等. 江苏几个地区与某湖周围水厂不同类型水微囊藻毒素调查 [J]. 环境与健康杂志，1998，3：111~113.

[18] 孟玉珍，张丁，王兴国，等. 郑州市水源水藻类和藻类毒素污染调查［J］. 卫生研究，1999，2：100，101.

[19] 刘元波，陈伟明，范成新，等. 太湖梅梁湾藻类生态模拟与蓝藻水华治理对策分析［J］. 湖泊科学，1998，10（4）：53~60.

[20] Guo L. Doing battle with the green monster of taihu lake［J］. Science，2007，317（5842）：1166.

[21] Hashimoto E H，Kato H，Kawasaki Y，et al. Further investigation of microbial degradation of microcystin using the advanced marfey method［J］. Chemical Research in Toxicol，2009，22：391~398.

[22] 闫海. 微囊藻毒素的产生与生物降解［D］. 北京：中国科学院研究生院，2002.

[23] Rapala J，Sivonen K，Lyra C，et al. Variation of microcystins，cyanobacterial hepatotoxins，in anabaena spp. as a function of growth stimulation［J］. Appl. Environ. Microbiol.，1997，63（7）：2206~2212.

[24] Rapala J，Sivonen K. Assessment of environmental conditions that favor hepatotoxic and neurotoxic Anabaena spp. strains cultured under light limitation at different temperatures［J］. Microbial Ecology，1998，36（2）：181~192.

[25] Matthiensen A，Beattie K A，Yunes J S，et al.［D-Leu］Microcystin-LR，from the cyanobacterium microcystis RST 9501 and from a microcystis bloom in the patos lagoon estuary，brazil［J］. Phytochemistry，2000，55：383~387.

[26] Hanna M，Marcin P. Stability of cyanotoxins，microcystin-LR，microcystin-RR and nodularin in seawater and BG-11 medium of different salinity［J］. Oceanology，2001，43（3）：329~339.

[27] Sivonen K. Effects of light，temperature，nitrate，orthophosphate and bacteria on growth of and hepatotoxin production by *oscillatoria agardhii strains*［J］. Appl. Environ. Microbiol.，1990，56：2658~2666.

[28] Park H，Iwami C，Watanabe M F，et al. Temporal variabilities of the concentrations of Intra-extracellular microcystin and toxic *microcystis* species in a hypertrophic lake，Lake Suwa，Japan（1991~1994）［J］. Environ. Toxicol. Wat. Qual.，1998，13：61~72.

[29] 韩志国，武宝轩，郑解生，等. 淡水水体中的蓝藻毒素研究进展［J］. 暨南大学学报，2001，22（3）：129~135.

[30] Kaebernick M，Neilan B A. Ecological and molecular investigations of cyanotoxin production［J］. FEMS Microbiol. Eco.，2001，35：1~9.

[31] Rivasseau C，Martins S，Hennion M C. Determination of some physiochemical parameters of microcystins（cyanobacterial toxins）and trace level analysis in environmental samples using liquid chromatography［J］. J. of Chromatography，1998，799：155~169.

[32] Maagd G，Hendriks J，Sijm D，et al. pH-dependent hydrophobicity of the cyanobacteria toxin microcystin LR［J］. Wat. Res.，1999，33（5）：677~680.

[33] Tsuji K T，Watanuki F. Stability of microcystins from cyanobacteria-Ⅳ：effect of chlorination

on decomposition [J]. Toxicon, 1997, 35 (7): 1033~1041.

[34] Duy T N, Lam P K S, Shaw G R. Toxicologyand risk assessment of fresh water cyanobacterial (blue-green Alage) toxins in water [J]. Rev. Environ. Contam. Toxicol., 2000, 163: 113~186.

[35] Rositano J, Nicholson B, Pieronne P. Destruction of cyanobacterial toxins by ozone [J]. Ozone Science and Engineering, 1998, 20 (3): 223~238.

[36] Iain L, Lawton L A, Cornish B, et al. Mechanistic and toxicity studies of the photocatalytic oxidation of microcystin-LR [J]. Journal of Photochemistry and Photobiogy A: Chemistry, 2002, 148: 349~354.

[37] Lam A K Y, Fedorak P M, Prepas E E. Biotransformation of the cyanobacterial hepatotoxin, microcystin-LR, as determined by HPLC and protein phosphatase bioassay [J]. Environ. Sci. Technol., 1995, 29 (1): 242~246.

[38] Chen J, Hu L B, Zhou W, et al. Degradation of microcystin-LR and RR by a *stenotrophomonas* sp. strain EMS isolated from Lake Taihu, China [J]. Int. J. Mol. Sci., 2010, 11: 896~911.

[39] Rapala J, Lahti K, Sivonen K, et al. Biodegradability and adsorption on lake sediments of cyanobacterial hepatotoxins and anatoxin-a [J]. Letters in Applied Microbiol, 1994, 19: 423~428.

[40] 金丽娜, 张维昊, 郑利, 等. 滇池水环境中微囊藻毒素的生物降解 [J]. 中国环境科学, 2002, 22 (2): 189~192.

[41] Francis G. Poisonous Australian lake [J]. Nature, 1878, 18: 11, 12.

[42] Harada K. Recent advances of toxic cyanobacteria research [J]. J. of Health Science, 1999, 45 (3): 150~165.

[43] Matsunaga H, Harada K I, Senma M, et al. Possible cause of unnatural mass death of mild birds in a pond in Nishinomiya, Japan: sudden appearance of toxic cyanobacteria [J]. Nat. Toxins., 1999, 7 (2): 81~85.

[44] Zimba P V, Khoo L, Gaunt P S, et al. Confirmation of catfish, ictalurus punctatus (rafinesque), mortality from microcystis toxins [J]. J. of Fish Diseases, 2001, 24 (1): 41~47.

[45] Ingrid C, Jamie B. Toxic cyanobacteria in water [M]. Landon and New York. E&FN Spon Publisher, 1999.

[46] 李效宇, 宋立荣, 刘永定. 微囊藻毒素的产生、检测和毒理学研究 [J]. 水生生物学报, 1999, 23 (5): 517~523.

[47] WHO. Guidelines for drinking water quality [M]. 3th ed. Geneva: World Health Organization, 2004.

[48] Falconer I R. An overview of problems caused by toxic blue-green algae (cyanobacteria) in drinking and recreational water [J]. Environ. Toxicol., 1999, 14 (1): 5~12.

[49] 中华人民共和国卫生部, 中国国家标准化管理委员会. GB 5749—2006 生活饮用水卫生

标准［S］. 北京：中国标准出版社，2009.

［50］ Miura G A. Hepatotoxicity of microcystin-LR in fed and fast rates ［J］. Toxicon, 1991, 29 (3): 337~346.

［51］ Harada K I, Suzuki M, Dahlem A M, et al. Improved method for purification of toxic peptides produced by cyanobacteria ［J］. Toxicon, 1988, 26 (5): 433~439.

［52］ Siegelman H W, Adams W H, Stoner R D, et al. Toxins of *microcystis aeruginosa* and their hematological and histopathological effects. Dans: Seafood toxins. E. P. Ragelis (ed.). ACS Symposium Series, American Chemical Society, Washington, 1984, 262: 407~413.

［53］ Fastner J, Flieger I. Optimized extration of microcystins from field samples——a comparison of different solvents and procedures ［J］. Water Res., 1998, 32 (10): 3177~3181.

［54］ 张维昊，张光明，张锡辉，等. 微囊藻毒素的提取提纯方法比较［J］. 中山大学学报（自然科学版）. 2003, 42 (z1): 144~146.

［55］ Lawton L A, Edwards C. Purification of microcystins ［J］. J. of Chromatography, 2001, 912: 191~209.

［56］ Metcalf J S, Codd G A. Microwave oven and boiling waterbath extraction of hepatotoxins from cyanobacterial cells ［J］. FEMS Microbiol. Letters., 2000, 184: 241~246.

［57］ 闫海，潘纲，张明明，等. 微囊藻毒素的提取和提纯研究［J］. 环境科学学报，2004, 24 (2): 355~359.

［58］ 邓琳，张维昊，邓南圣，等. 微囊藻毒素的提取与分析研究进展［J］. 重庆环境科学，2003, 25 (11): 177~180.

［59］ Lee H S, Jeong C K, Lee H M, et al. On-line trace enrichment for the simultaneous determination of microcystins in aqueous samples using high-performance liquid chromatography with diode-array detection ［J］. J. of Chromatography A, 1999, 848: 179~184.

［60］ Moollan R W, Rae B, Verbeek A. Some comments on the determination of microcystin toxins in water by high-performance liquid chromatography ［J］. Analyst., 1996, 121: 233~238.

［61］ Chu F S, Huang X, Wei R D, et al. Production and characterization of antibodies against microcystins ［J］. Appl. Environ. Microbiol., 1989, 55: 1928~1933.

［62］ Wirsing B, Flury T, Wiedner C, et al. Estimation of the microcystin content in cyanobacterial field samples from German lakes using the colorimetric protein-phosphase inhibition assay and RP-HPLC ［J］. Environ. Toxicol. 1999, 14 (1): 23~28.

［63］ Kondo F, Matsumoto H, Yamada S, et al. Harada K. Immunoaffinity purification method for detection and quantification of microcystins in lake water ［J］. Toxicon, 2000, 38 (6): 813~823.

［64］ Welker M, Steinberg C. Indirect photolysis of cyanotoxins one possible mechanism for their persisitance ［J］. Wat. Res. 1999, 3 (5): 1159~1164.

［65］ Cousins I T, Bealing D J, James H A, et al. Biodegradation of microcystin-LR by indigenous mixed bacterial populations ［J］. Wat. Res. 1996, 30 (2): 481~485.

［66］ 张维昊，宋立荣，徐小清，等. 天然水体中微囊藻毒素归宿的初步研究［J］. 长江流域

资源与环境，2004，13（1）：84~87.

[67] Boisdon V, Bourbigot M M, Nogueira F, et al. Combination of ozone and flotation to remove algae [J]. Water Supply, 1994, 12（3, 4）：209~220.

[68] Morris R J, Williams D E, Luu H A, et al. The adsorption of microcystin-LR by natural clay particles [J]. Toxicon, 2000, 38（2）：303~308.

[69] Muntisov M, Trimboli P. Removal of algal toxins using membrane technology [J]. Water, 1996, 23（2）：21~34.

[70] Chow C W K, House J, Velzeboer R M A, et al. Effect of ferric chloride flocculation on cyanobacterial cells [J]. Wat. Res. 1998, 32（3）：808~814.

[71] 闫海，李贤良，孙建新. 黏土矿物和碳纳米管对微囊藻毒素的吸附 [J]. 环境科学，2004，6：92~94.

[72] Warhurst A M, Raggett S L, McConnachie G L, et al. Adsorption of the cyanobacterial hepatotoxin microcystin-LR by a low-cost activated carbon from the seed husks of the pan-tropical tree, *moringa oleifera* [J]. The Science of the Total Environment, 1997, 207：207~211.

[73] Bruchet A, Bernazeau F, Baudin I, et al. Algal toxins in surface waters：analysis and treatment [J]. Water Supply, 1998, 16（1, 2）：619~623.

[74] Mohamed Z A, Carmichael W W, An J, et al. Activated carbon removal efficiency of microcystins in an aqueous cell extract of microcystis aeruginosa and oscillatoria tenuis strains isolated from Egyptian freshwaters [J]. Environ. Toxicol. 1999, 14（1）：197~201.

[75] Lambert T W, Holmes C F B, Hrudey S E. Adsorption of microcystin-LR by activated carbon and removal in full scale water treatment [J]. Water Res. 1996, 30（6）：1411~1422.

[76] Pendleton P, Schumann R, Shiaw H W. Microcystin-LR adsorption by activated carbon [J]. J. Colloid Interf. Sci., 2001, 240（1）：1~8.

[77] Donati C, Drikas M, Hayes R, et al. Microcystin-LR adsorption by powdered activated carbon [J]. Water Res. 1994, 28（8）：1735~1742.

[78] 朱光灿，吕锡武. 藻毒素在传统净水工艺中的去除特性 [J]. 环境化学，2002，21（6）：585~588.

[79] Himberg K, Kerjola A , Pyysalo H, et al. The effect of water treatment processes on the removal of hepatotoxins from microcystins and oscillatoria cyanobacteria：a laboratory study [J]. Water Research, 1989, 23（8）：979~984.

[80] Angeline K Y, Ellie E, Dadid S. Chemical control of hepatotoxic phytoplanton blooms：implications for human health [J]. Water Res., 1995, 29：1845~1854.

[81] Fawell J K, Hart J, James H A, et al. Blue-green algae and their toxins-analysis, toxicity, treatmentand environmental control [J]. Water Supply, 1993, 11（3, 4）：109~115.

[82] Karner D A, Standridge J H, Harrington G W, et al. Microcystin algal toxins ：in source and finished drinking water [J]. J. Am. Water Works Asso., 2001, 93（8）：72~81.

[83] Hall T, Hart J, Croll B, et al. Laboratory-scale investigations of algal toxin removal by water treatment [J]. J. Chart. Inst. Water E, 2000, 14（2）：143~149.

[84] Chow C W K, Panglisch S, House J, et al. Study of membrane filtration for the removal of cyanobacterial cells [J]. Aqua (Oxford), 1997, 46 (6): 324~334.

[85] Lam A K Y, Prepas E E, Spink D, et al. Chemical control of hepatotoxic phytoplankton blooms: implications for human health [J]. Water Res., 1995, 29 (8): 1845~1854.

[86] Perez M, Torrades F, Garcia-Hortal J A, et al. Removal of organic contaminants in paper pulp treatment effluents under Fenton and photo-Fenton conditions [J]. Applied Catalysis B: Environmental, 2002, 36: 63~74.

[87] Szpyrkowicz L, Juzzolino C, Kaul S N. A comparative study on oxidation of disperses dyes by electrochemical process, ozone, hypochlorite and fenton reagent [J]. Water Res., 2001, 35 (9): 2129~2136.

[88] Shen Y S, Ku Y. Decomposition of gas-phase trichloroethene by the UV-TiO_2 process in the presence of ozone [J]. Chemosphere, 2002, 46: 101~107.

[89] Benitez F J, Acero J L, Real F J. Degradation of carbofuran by using ozone, UV radiation and advanced oxidation processes [J]. J. Hazard. Mater., 2002, 89: 51~65.

[90] Gajdek P, Lechowski Z, Bochnia T, et al. Decomposition of microcystin-LR by Fenton oxidation [J]. Toxicon, 2001, 39 (10): 1575~1578.

[91] Takenaka S, Tanaka Y. Decomposition of cyanobacterial microcystins by iron (III) chloride [J]. Chemosphere, 1995, 30 (1): 1~8.

[92] Yuan B L, Qu J H, Fu M L. Removal of cyanobacterial microcystin-LR by ferrate oxidation-coagulation [J]. Toxicon, 2002, 40 (8): 1129~1134.

[93] 苑宝玲，陈一萍，郑雪琴，等. 高铁-光催化氧化协同去除藻毒素的研究 [J]. 环境科学，2004，2 (5)：106~108.

[94] Lee D K, Kim S C, Kim S J, et al. Photocatalytic oxidation of microcystin-LR with TiO_2-coated activated carbon [J]. J. Chem. Eng., 2004, 102 (1): 93~98.

[95] Lee D K, Kim S C, Cho I C, et al. Photocatalytic oxidation of microcystin-LR in a fluidized bed reactor having TiO_2-coated activated carbon [J]. Sep. Purif. Technol., 2004, 34 (1~3): 59~66.

[96] Kim S C, Lee D K. Removal of microcystin-LR from drinking water with TiO_2-coated activated carbon [J]. Water Sci. Technol.: Water Supply, 2004, 4 (5, 6): 21~28.

[97] Shephard G S, Stockenstrim S, de Villiers D, et al. Degradation of microcystin toxins in a falling film photocatalytic reactor with immobilized titanium dioxide catalyst [J]. Water Res., 2002, 36 (1): 140~146.

[98] Shephard G S, Stockenstrum S, de Villiers D, et al. Photocatalytic degradation of cyanobacterial microcystin toxins in water [J]. Toxicon, 1998, 36 (12): 1895~1901.

[99] Feitz A J, Waite T D, Jones G J, et al. Photocatalytic degradation of the blue green algae toxin microcystin-LR in a natural organic-aqueous matrix [J]. Environ. Sci. Technol., 1999, 33 (2): 243~249.

[100] Liu I, Lawton L A, Cornish B, et al. Mechanistic and toxicity studies of the photocatalytic

oxidation of microcystin-LR [J]. J. Photochem. Photobio l. A, 2002, 148 (1~3): 349~354.

[101] Robertson P K J, Lawton L A, Münch B, et al. Destruction of cyanobacterial toxins by semiconductor photocatalysis [J]. Chem. Commun., 1997, 4: 393, 394.

[102] Robertson P K J, Lawton L A, Cornish B J P A, et al. Processes influencing the destruction of microcystin-LR by TiO_2 photocatalysis [J]. Photochem. Photobiol. A, 1998, 116 (3): 215~219.

[103] Lawton L A, Robertson P K J, Cornish B J P A, et al. Detoxification of microcystins (cyanobacterial hepatotoxins) using TiO_2 photocatalytic oxidation [J]. Environ. Sci. Technol., 1999, 33 (5): 771~775.

[104] Robertson P K J, Lawton L A, Münch B, et al. Destruction of cyanobacterial toxins by titanium dioxide photocatalysis [J]. J. Adv. Oxid. Technol., 1999, 4: 20~26.

[105] Gajdek P, Bober B, Mej E, et al. Sensitised decomposition of microcystin-LR using UV radiation [J]. J. Photochem. Photobiol. B., 2004, 76 (1~3): 103~106.

[106] 陈晓国, 肖邦定, 徐小清, 等. 微囊藻毒素在紫外光下的光降解 [J]. 农业环境科学学报, 2003, 22 (3): 283~285.

[107] Rositano J, Nicholson B, Pieronne P. Destruction of cyanobacterial toxins by ozone [J]. Ozone Science and Engineering, 1998, 20 (3): 223~238.

[108] Stefan J H, Daniel R D, Betina C H. Efect of ozonation in drinking water treatment on the removal of cyanobacterial toxins and toxicity of by-products after ozonation of microcystin-LR [J]. Environmental Toxicology, 2000, 15 (1): 143~151.

[109] Keijola A M, Himberg K, Esala A L, et al. Removal of cyanobacterial toxins in water treatment processes: laboratory and pilot-scale experiments [J]. Toxic Assess, 1988, 3: 643~645.

[110] Senogles-Derham P J, Seawright A, Shaw Q, et al. Toxicological aspects of treatment to remove cyanobacterial toxins from drinking water determined using the heterozygous P53 transgenic mouse model [J]. Toxicon, 2003, 41: 979~988.

[111] Lam A K Y, Prepas E E, Spink D, et al. Chemical control of hepatotoxic phytoplankton blooms: implications for human health [J]. Water Res., 1995, 29 (8): 1845~1854.

[112] Nicholson B, Rositano J, Burch M D. Destruction of cyanobacterial peptide hepatotoxins by chlorine and chloramine [J]. Water Res., 1994, 28 (6): 1297~1303.

[113] Welker M, Steinberg C. Rates of humic substance photosensitized degradation of microcystin-LR innaturalwaters [J]. Environ. Sci. Technol., 2000, 34: 3415~3419.

[114] 陆长梅, 张超英, 吴国荣, 等. 纳米级 TiO_2 抑制微囊藻生长的实验研究 [J]. 城市环境与城市生态, 2002, 15 (4): 13~15.

[115] Tsuji K, Watanuki T, Kondo F, et al. Stability of microcystins from cyanobacteria-II, effect of UV light on decomposition and isomerization [J]. Toxicon, 1995, 33: 1619~1631.

[116] Tsuji K, Watanuki T, Kondo F, et al. Stability of microcystins from cyanobacteria-Ⅱ. effect

of freshwater cyanobacterial (blue-green alga e) toxins in water [J]. Rev Environ Contam Toxicol, 2000, 163: 113~186.

[117] 吴振斌，陈辉蓉，雷腊梅，等. 人工湿地系统去除藻毒素研究 [J]. 长江流域资源与环境，2000，9 (2)：138~247.

[118] 吕锡武，稻森悠平，丁国际. 有毒蓝藻及微囊藻毒素生物降解的初步研究 [J]. 中国环境科学，1999，19 (2)：138~140.

[119] 周洁，何宏胜，闫海，等. 滇池底泥微生物菌群对微囊藻毒素的生物降解 [J]. 环境污染治理技术与设备，2006，7 (4)：30~34.

[120] Christoffersen K, Luck S, Winding A. Microbial activity and bacterial community structrue during degradation of microcystins [J]. Aqual Microb. Ecol., 2002, 27: 125~136.

[121] Hyenstrand P, Rohrkack T, Beattle K. A, et al. Laborary studies of dissolved radiolabelled microcystin-LR in lake water [J]. Water Res., 2003, 37: 3299.

[122] Jinamori Y, Sugiura N, Norio Iwami, et al. Degradation of the toxic cyanobacterial microcystins viridis using predaceous micro-animals combined with bacterial [J]. Physiological Research, 1998, 46: 37~44.

[123] Angeline K Y, Ellie E, Dadid S, et al. Chemical control of hepatotoxic phytoplanton blooms: implications for human health [J]. Water Res., 1995, 29: 1845~1854.

[124] Jones G J, Orr PT. Release and degradation of microcystin following algicide treatment of a microcystis aeruginosa bloom in a recreational lake, as determined by HPLC and protein phosphatase inhibition assay [J]. Water Res., 1994, 28 (4): 871~876.

[125] Jones G J, Bourne D G, Blakeley R L, et al. Degradation of the cyanobacterial hepatotoxin microcystin by aquatic bacteria [J]. Natural Toxins, 1994, 2 (4): 228~235.

[126] Shigeyuki T, Mariyo F W. Microcystin LR degradation by pseudomonas aeruginosa alkaline protease [J]. Chemosphere, 1997, 34 (4): 749~757.

[127] Park H D, Sasaki Y, Maruyama T, et al. Degradation of the cyanobacterial hepatotoxin microcystin by a new bacterium isolated from a hypertrophic lake [J]. Environ. Toxicol., 2001, 16 (4): 337~343.

[128] Hiroshi I, Miyuki N, Toshihiko A. Characterization of degradation process of cyanobacterial hepatotoxins by a gram-negative aerobic bacterium [J]. Water Res., 2004, 38: 2667~2676.

[129] Tsuji K, Asakawa M, Anzai Y, et al. Degradation of microcystins using immobilized microorganism isolated in an eutrophic lake [J]. Chemosphere, 2006, 65: 117~124.

[130] Saito T, Itayama T, Kawauchi Y, et al. Biodegradation of microcystin by aquatic bacteria [A]. 3rd Int. Symp. Stragegies Toxic Algae Control Lakes Reserv. Establ. Int. Network [C]. Wuxi China: Chinese Research Academy of Environmental Sciences, 2003: 455~460.

[131] Ame M V, Echenique J R, Stephan P, et al. Degradation of microcystin-RR by *sphingomonas* sp. CBA4 isolated from San Roque reservoir (Cordoba - Argentina) [J]. Biodegradation, 2006, 17: 447~455.

[132] Ho L, Hoefel D, Saint C P, et al. Isolation and identification of a novel microcystin-degrading bacterium from a biological sand filter [J]. Water Res., 2007, 41: 4685~4695.

[133] 周洁, 闫海, 何宏胜. 食酸戴尔福特菌 USTB04 生物降解微囊藻毒素的活性研究 [J]. 科学技术与工程, 2006, 2 (6): 1671~1815.

[134] 宦海琳, 韩岚, 李建宏, 等. 五株微囊藻毒素降解菌的分离与鉴定 [J]. 湖泊科学, 2006, 18 (2): 184~188.

[135] 刘海燕, 宦海琳, 汪育文, 等. 微囊藻毒素降解菌 S3 的分子鉴定及其降解毒素的研究 [J]. 环境科学学报, 2007, 27 (7): 1145~1150.

[136] Chen J, Hu L B, Zhou W, et al. Degradation of microcystin-LR and RR by a stenotrophomonas sp. strain EMS isolated from Lake Taihu, China [J]. International Journal of Molecular Sciences, 2010, 11: 896~911.

[137] Maruyama T, Kato K, Yokoyama A, et al. Dynamics of microcystin-degrading bacteria in mucilage of Microcystis [J]. Microbial Ecology, 2003, 46: 279~288.

[138] Ou D, Song L, Gan N, et al. Effects of microcystins on and toxin degradation by Poterioochromonas sp. [J]. Environ. Toxicol., 2005, 20 (3): 373~380.

[139] Lemes G A F, Kersanach R, Pinto L S, et al. Biodegradation of microcystins by aquatic Burkholderia sp. from a South Brazilian coastal lagoon [J]. Ecotoxicol. Environ. Saf., 2008, 69: 358~365.

[140] Manage P M, Edwards C, Singh B K, et al. Isolation and identification of novel microcystin-degrading bacteria [J]. Appl. Environ. Microb., 2009, 75: 6924~6928.

[141] 徐亚同, 史家梁, 张明. 污染控制微生物工程 [M]. 北京: 化学工业出版社, 2001.

[142] Bourne D G, Jones G J, Blakeley R L, et al. Enzymatic pathway for the bacterial degradation of the cyanobacterial cyclic peptide toxin microcystin LR [J]. Appl. Environ. Microb., 1996, 62 (11): 4086~4094.

[143] Bourne D G, Riddles P, Jones G J, et al. Characterization of a gene cluster involved in bacterial degradation of the cyanobacterial toxin microcystin LR [J]. Environ. Toxicol., 2001, 1: 523~534.

[144] 何宏胜, 闫海, 周洁. 菌种筛选酶催化降解微囊藻毒素的特点 [J]. 环境科学, 2006, 6 (27): 1171~1175.

[145] Saito T, Okano K, Park H D, et al. Detection and sequencing of the microcystin LR-degrading gene, *mlrA*, fromnew bacteria isolated from Japanese lakes [J]. FEMS Microbiology Letters, 2003, 229: 271~276.

[146] 王海燕, 周岳溪, 戴欣, 等. 16SrDNA 克隆文库方法分析 MDAT2I AT 同步脱氮除磷系统细菌多样性研究 [J]. 环境科学学报, 2006, 26 (6): 903~911.

[147] LeeH S, Jeong C K, Choi S J, et al. Online trace enrichment for the simultaneous determination of microcystins in aqueous samples using high-performance liquid chromatography with diode-array detection [J]. J. of Chromatography A, 1999 (848): 179~184.

[148] Takenaka S, Watanabe M F. Microcystin LR degradation by *pseudomonas* aerugi nosa alkaline

protease [J]. Chemosphere, 1997, 34 (4): 749~757.

[149] Lemes G A, Kersanach R, Pinto L S, et al. Biodegradation of microcystins by aquatic *burkholderia* sp. from a South Brazilian coastal lagoon [J]. Ecotoxicol. Environ. Saf. 2008, 69: 358~365.

[150] Pathmalal M M, Christine E, Brajesh K S, et al. Isolation and identification of novel microcystin-degrading bacteria [J]. Appl. Environ. Microbiol., 2009, 75 (21): 6924~6928.

[151] 陈晓国，杨霞，陈锦，等. 滇池沉积物菌群对微囊藻毒素的厌氧生物降解 [J]. 环境科学，2009，30 (9)：2527~2531.

[152] 胡杰，何晓红，李大平，等. 鞘氨醇单胞菌研究进展 [J]. 应用与环境生物学报，2007，13 (3)：431~437.

[153] Yan P, Yang Q, Wang H, et al. Comparison of Lowry's modified assay with Bradford's dye-binding assay for determining proteins in earthworm extract [J]. Journal of Shanxi Medical University, 2006, 37 (1): 9~11.

[154] 林文莲，吕红，周集体，等. 鞘氨醇单胞菌完整细胞对溴氨酸的好氧降解 [J]. 环境科学与技术，2007，30 (6)：32~34.

[155] Okano K, Shimizu K, Kawauchi Y, et al. Characteristics of a microcystin- degrading bacterium under alkaline environmental conditions [J]. J. of Toxicol., volume 2009, Article ID 954291: 8.

[156] Susumu I, Hajime K, Masayoshi M, et al. Bacterial degradation of microcystins and nodularin [J]. Chem. Res. Toxicol., 2005, 18 (3): 591~598.

[157] 何宏胜. 微囊藻毒素 MC-RR 的生物降解 [D]. 北京：北京科技大学，2006.

[158] Xie L Q, Xie P, Ozawa K, et al. Dynamics of microcystins-LR and -RR in the phytoplanktivorous silver carp in a sub-chronic toxicity experiment [J]. Environ. Pollu., 2004, 127: 431~439.

[159] Miao H F, Qin F, Tao G J, et al. Detoxification and degradation of microcystin-LR and -RR by ozonation [J]. Chemosphere, 2010, 79: 355~361.

[160] 北京大学生命科学学院编写组. 生命科学导论（面向 21 世纪课程教材）[M]. 北京：高等教育出版社，2000.

附录　*USTB-05-A* 基因与 *mlrA* 基因序列

1　*USTB-05-A* 序列（1008bp）

1 atgcgggagt ttgtcaaaca gcgacctttg ctctgcttct atgcgttggc gatcctgatc

61 gctctcgcgg cccatgcgct acgcgcgatg agcccgactc cgctcggccc gatgttcaag

121 atgctgcaag agacgcacgc tcacctcaac attattaccg ctgtcaggtc cacgttcgag

181 tatccgggag cctatacgct tttgctgttt ccggccgccc caatgttcgc ggctcttatc

241 gtaaccggta tcggctatgg gcgtgcagga tttcgtgaac tgctgagccg ctgcgccccg

301 tggcgatcgc ctgtttcctg gcgtcagggc gttactgtca tagctgtgtg tttccttgcg

361 ttcttcgcgc tcacaggaat tatgtgggtt cagacattca tctacgctcc gcctggtacg

421 cttgatcgca ccttcctgcg ctatgggtca gatcccctcg ctatttatgc gatgttggca

481 gcatctctgc tactcagccc tggcccactg ctcgaagaac tgggctggcg cggctttgcg

541 ctgccgcagc tcctcaagaa gtttgaccct ctggccgcag cggtgatcct cggcctcatg

601 tggtgggctt ggcatttgcc gcgcgacttg ccgacgctgt tctccggcga acctggcgcg

661 gcctggggcg ttatcgtcaa gcaattcgtt atcattccgg ggttcattgc cggcaccatc

721 atcgctgtct tcgtatgcaa caagctcggc ggatcgatgt ggggtggcgt gctcattcac

781 gcgatccata acgaactggg cgtaaacgtc actgccgaat gggctccaac ggttgcaggg

841 cttgggtggc gcccttggga tttggtcgaa ttcgccgtgg ccattgggct cgtcctgatt

901 tgtggaagga gccttggtgc cgcatctcct gacaatgcgc gattggcttg gggcaacgtg

961 ccgccaaagc tgccgggcgt agcgactgac aagtccggcg cgaacgcg

2　*mlrA* 序列（1008 bp）

1 atgcgggagt ttgtccgaca gcggcctttg ctgtgcttct atgtgttggc gatactgatc

61 gctctcgcgg cccatgcgct acgcgatgag cccgacgccg ctcgacccga tgttcaagat

121 gctgcaggag acgcacgctc acctcaacat tattaccgct gtcaggtcta cgttcgagta

181 tccgggagcc tatacgctct tactgtttcc ggccgcccca atgttcgcgg ccctctgatc

241 gcaaccggga tcggctatgg gcaagcagga tttcgtgaac tgctcagccg ctgcgccccg

301 tggcggtcgc ctgtttcctg gcgtcagggc gttactgtca tagccgtgtg tttccttgcg

361 ttcttcgcgc tcacaggaat catgtgggtt cagacatacc tctacgctcc gcctggtacg

421 cttgatcgta ccttcctgcg ctatgggtca gatccggtcg ccatttatgt gatgctggca

481 gcatcgctgc tactcagccc tggcccgctg ctcgaagaac tgggctggcg cggctttgcg
541 ctgccgcagc tcctcaagaa gtttgacccc cttaccgcag cggtgatcct cggcatcatg
601 tggtgggcct ggcatttgcc acgcgacctg ccaacactgt tctccggcgc ccctggcgcg
661 gcctggagcg ttattgtcaa acaactcgtt atcactcctg ggttcattgc gagcaccatc
721 atcgctgtct tcgtatgcaa caagctcggt ggatcaatgt gggggggcgt gctcactcac
781 gccatccata acgagctggg agtaaacgtc actgccgaat gggctccaac ggtcgcaggc
841 ctcgggtggc gcccatggga tctcatcgaa tttgccgtgg ccattgggct cgtcctgatt
901 tgtgggagga gccttggtgc cgcatctcct gacaatgcgc gtttggcctg gggcaacgtg
961 ccgccaaagc tgccgggcgg agtgggtgac aagtccggcg cgaacgcg